salvelinus malma miyabei
LAKE SHIKARIBETSU
PHOTO GALLERY

ファーストステージの然別湖は新緑が深青色の水面に映える。

湖の宝石、ミヤベイワナ。

湖の宝石は住処により変幻自在にその輝きを変える。

銀色の輝きを放つサクラマスと、鮮やかな赤色が映えるニジマスが彩りを添える。

セカンドステージの然別湖。紅葉とともにミヤベイワナも婚姻色に染まる。

釣りがつなぐ
希少魚の保全と地域振興

～然別湖の固有種ミヤベイワナに学ぶ～

芳山 拓 著

KAIBUNDO

巻頭言

2012年の12月，函館で開催された北海道魚類系統研究会で，当時大学4年生の芳山さんに会った。と思って，そのときの要旨集を見返してみると，私は「よく釣れるアユを養殖する」と題し口頭発表している。芳山さんはこれを聴いて「釣りって研究題材になるんだ」，と思ってくれたのだと思う。その際，本書の舞台である然別湖のミヤベイワナ釣りのすばらしさについて，芳山さんは，こちらが引いてしまうほど，熱心に説明してくれた。こうして，私は当時働いていた山梨県から，行ったことも見たこともない「然別湖のミヤベイワナ釣り」に関する研究をサポートすることになった。

その後，彼が修士，博士と進むにつれて，ミヤベイワナの資源量推定，キャッチアンドリリース後の死亡率の推定，釣りによる経済効果の試算等，ミヤベイワナ釣りを取り巻く現状や，これまでの乱獲の歴史について，研究を展開していったのは本書のとおりである。その間，然別湖のある鹿追町に長期滞在し，町の人々と協働で研究を行ったことは，ミヤベイワナ資源管理システムの科学的基礎を構築できた最大の要因であると思う。また，鹿追町での暮らしは，彼の青春の1ページとなったことだろう。

芳山さんの一連の研究成果は，学術雑誌だけでなく，釣り雑誌や新聞にもたびたび掲載され，注目を集めてきた。面白さの秘密は，根っからの釣りキチガイが人生を捧げて，そして楽しみながら釣りや釣り研究に励んだことにある。2018年，それらを博士論文としてとりまとめ，このたび一冊の本になると聞いたとき，「彼は持ってるなあ」と感じた。博士論文は学術論文の引用文献に登場することはあるが，えてして埋もれがちな超大作となってしまうことが多いように感じる。彼の博士論文が書籍として世に出ることは，研究成果の面白さの証でもある。

ミヤベイワナは然別湖にしか棲んでいない固有種であり，ふつうは禁漁である。実際，乱獲による資源枯渇により，禁漁措置が続いた苦い歴史もある。しかし，現在の然別湖では，キャッチアンドリリースというルールを導入することで，釣りによって希少な資源のモニタリングが可能となり，経済がまわり，ひいてはミヤベイワナの保全につながっている。このことを学術的に証明したことは，彼の最大の功績であると思う。言い換えると，然別湖に来る釣り人は，ミヤベイワナが大好きで，釣りを通じて固有種を守っている，いわばサポーターであることを証明してみせた。

希少魚を釣りながら守る時代が来た。然別湖モデルが全国に波及することを願ってやまない。

2018 年 9 月 2 日

坪井潤一（水産研究・教育機構）

目 次

第1章

本書の理念と背景

1.1　はじめに

本書のタイトルには3つのキーワードがある。1つ目は「釣り」，2つ目は「希少魚の保全」，そして3つ目は「地域振興」である。はじめに，これら一つ一つのキーワードと，その関連性について考えてみたい。

1つ目の「釣り」については，多くの人は容易に想像がつくだろう。国語辞典で「釣り」と引くと「魚を釣ること」と出てくるが，まさにそのとおりであり，鈎(はり)と糸を使って魚を釣る行為に他ならない。なお，レジャー，レクリエーションとしての釣りのことを，行政文書や学術的用語では「遊漁(ゆうぎょ)」と表記する（とくに，生業として魚介類を採捕する「漁業」と対比する際によく用いられる）。本質的には「釣り」と「遊漁」は同じである。ただし，本書では「釣り」は「レジャーとして魚を釣る行為を通じた魚と人とのかかわり」という意味で用い，「遊漁」という場合は漁業との対比の意味を含めて用いていることに留意してほしい。

次に，2つ目のキーワード，「希少魚の保全」について考えてみる。「生物多様性」の維持が叫ばれる昨今，魚類を含めて希少な生物を保全しなければならないということは，多くの人が漠然と想定できるだろう。このとき，先ほど出てきたキーワード「釣り」との関連を単純に考えてみると，「希少魚を釣る」ということが連想できる。これは，希少魚の保全と矛盾するように思える。一方で，なぜ希少魚を保全しないといけないのかということを考えてみると，この問いに答えられる人は意外と少ないのではないだろうか。

続いて，3つ目のキーワードである「地域振興」について。平成27年の国勢調査において日本の人口は初めて減少に転じ，そう遠くない将来，地方にある多くの集落，さらには市町村が存続できなくなるといわれている。そんななか，地方に活気を取り戻すために各地で地域振興が重要な課題としてとりざたされている。しかし，本書の他の2つのキーワードの「釣り」と「希少魚の保全」が，地域振興とどのようにつながるのか，その関連性について想像できるかというと，現時点ではなかなか難しいように思える。ある地域固有の希少魚を保全することが，いったいどのようにして地域振興の役に立つのだろうか。

ここまでで，「釣り」「希少魚の保全」「地域振興」という3つのキーワードについて並べて考えてみたが，一つ一つの意味は何となくわかっても，それぞれの関連性については，はっきりとは見えてこないだろう。しかし，本書では，遊漁の本質を見きわめて，その潜在力を引き出すことで地域固有の希少魚の保全を地域振興につなげるというストーリーを描きたいと考えている。このようなストーリーを現実のフィールドで模索し，提唱できる事例として，本研究では北海道にある然別湖（しかりべつこ）を取り上げた。ここにはミヤベイワナというイワナの仲間が生息しているが，この魚は世界で然別湖にしか生息しない固有種である。このミヤベイワナを対象とした釣りについて，水産資源学的視点のみならず，社会科学・経済学的な視点も交えて，あるべき資源管理の在り方を検討して指針を示すことができれば，遊漁を活用した希少魚の保全と地域振興というストーリーを現実のフィールドで描くことができるのではないか。さらに，その結果から，さきほどの「なぜ希少魚を保全しなければならないのか」という問いに対する一つの解答例も導き出せるのではないだろうか。

この章では，本書の概念を提唱するとともに，本研究の鍵を握る「釣り」というものについて，水産資源と社会・経済とのかかわりという視点から事実を整理する。また，本研究のフィールドとなる然別湖について詳しく紹介し，希少魚ミヤベイワナを対象とした資源管理の歴史について整理する。そして，これらの背景から，希少魚を対象とした釣りをテーマとした資源管理のあるべき指針を定めるうえで，明らかにすべき点について検討する。

1.2　釣りと魚と社会・経済のかかわり

我々人類は，普段の生活のなかで水圏生態系から多大な恩恵を受けている。たとえば，私たちが普段の食卓やレストランなどで魚介類をおいしく食べられるのは，漁業活動を通じて水圏生態系から水産物の供給を受けているからに他ならない。しかし，水圏生態系と人間社会は，漁業という形だけでなく，釣り，すなわち遊漁という形でも深くかかわっている。この節では，本研究の鍵となる「釣り」について，これまでに知られている研究結果やデータを基に，水産資源と社会・経済をつなぐ接点という視点から見てみたい。

国内外を問わず，いろいろな地域の水辺では，釣りをしている光景を見かけることはよくあるだろう。では，釣りをたしなむ人々，すなわち遊漁者はどれくらいいるのだろうか。日本生産性本部が発行するレジャー白書によれば，日本で釣りを趣味とする人の数（釣りの参加人口）は，2013 年時点で 770 万人であり，15～79 歳の人口の 10 % 前後に相当する。この参加人口は，野球（690 万人）やサッカー（480 万人）よりも多い。さらに，世界に目を向けると，世界の遊漁者数は 7 億人に及び（Cooke and Cowx, 2004），先進諸国の全国民のうち平均して 10.5 % が釣りをたしなんでいるという（Arlinghaus et al., 2015）。

釣りの場合，釣った魚が商業漁業のように売買の対象となることは少ないが，釣りをする際に支払う遊漁料や，釣りに行く際の旅行に伴う交通費や宿泊滞在費，釣り道具の購入といった形で経済活動を伴う（Ditton et al., 2002; Post et al., 2002）。海外では，こうした経済活動が産業や雇用を創出し，遊漁者以外の多くの人々にも社会的・経済的恩恵をもたらしている（Arlinghaus et al., 2017）。日本においても，釣りのために消費される金額は年間 5000 億円前後に及び，この経済活動の規模は数あるレジャーのなかでゴルフに次ぐ 2 番目の大きさである（中村, 2015）。先述の参加人口も含め，こうした事実から，釣りは無視できない存在であり，「心身ともに国民が健康的な生活を送る上で不可欠な一要素」と認知されている（中村, 2015）。釣りは社会・経済のなかにおいて，水産資源の価値を高める役割を担っているといえる。

このような釣りの役割は，先進諸国では，海面に比べて生物生産性の低い内水面（川や湖といった水域）においてとくに重要となっている（Arlinghaus et al., 2002; Cowx et al., 2010）。日本について見てみると，内水面水産資源に対して，漁業としてかかわる人よりも，遊漁という形でかかわる人のほうが圧倒的に多い。2003 年の漁業センサスでは，内水面湖沼における漁業者数は 5448 人であったのに対し，内水面における遊漁者数は 957 万 1500 人であり，遊漁者のほうが圧倒的に多かった。漁業センサスでの内水面遊漁者数の集計はこれ以降途絶えているが，漁業センサスに加えレジャー白書のデータを引用して 2013 年の内水面遊漁者数を推定すると[*1]，2013 年における内水面遊漁者数は 500 万人以上と推定される。一方，同年の内水面漁業者数は 3296 人であることから（2013 年漁業センサス），やはり内水面では遊漁者数のほうが圧倒的に多いといえる。さらに，遊漁は日本の内水面における水産資源の経済価値を高める要因としても，重要な役割を果たしていると考えられる。2013 年の内水面における漁業生産額は 169 億円であり，日本の漁業生産額全体に占める割合は 1.4％ であった（水産白書, 2015）。一方，2013 年に内水面遊漁者が釣りのために消費した金額を，上述の内水面遊漁者数の推計とレジャー白書で集計されている 2013 年における「釣り」に対する年間支出金額から概算すると，約 1790 億円であった。これらの金額は算定根拠が異なるが，遊漁は内水面水産資源の経済価値を高める一つの大きな要因となっているといえるだろう。釣りによって水産資源を必要とする人々が増えてそれが経済を生む効果，つまり，釣りが水産資源の社会的・経済的価値を高める効果は，水産資源に対する釣りの良い影響ということができるだろう。

一方で，釣りの水産資源に対する影響は良いものだけではない。遊漁はレジャーとはいえ，水産生物を採捕する行為，つまり「漁獲行為」である点は商業漁業と同様である。遊漁者が漁獲している（釣獲している）量は，時にその

[*1] レジャー白書において集計されている「釣り」の参加人口（内水面・海面の両方を含む）は，2003 年では 1470 万人，2013 年では 770 万人となっている（レジャー白書, 2009, 2014）。ここで，「釣り」の参加人口のうち内水面での遊漁者数の割合が 2003 年と 2013 年で変化がないと仮定し，（2003 年漁業センサスで集計されている内水面遊漁者数/レジャー白書で集計されている 2003 年の「釣り」参加人口×レジャー白書で集計されている 2013 年の「釣り」参加人口）として概算。

地域における商業漁業での漁獲量に匹敵することもあり，資源を枯渇させてしまう恐れがある（Post et al., 2002, 2003; Cooke and Cowx, 2004, 2006; 中村・飯田, 2009）。実際，北海道洞爺湖（とうやこ）ではヒメマス資源の半数近くが遊漁者によって釣獲されており（Matsuishi et al., 2002; 蘇ら, 2015），神奈川県では遊漁によるマダイ釣獲量が商業漁業での漁獲量を上回る例が報告されている（今井ら, 1994）。さらに，渓流域では遊漁により実際に資源が崩壊した水域も知られている（中村・飯田, 2009）。釣りが水産資源の社会的・経済的価値を高めるとはいえ，水産資源を滅ぼしてしまっては元も子もない。釣りの良い影響を最大限に引き出すためには，上述のような負の影響を最小限に抑えなければならない。そのためには，末永く釣りを楽しめるよう，水産資源の持続的利用に向けた管理が必要といえる。この点は商業漁業と同様である。一方，遊漁者は不特定多数が広範囲で活動するという，商業漁業とは異なる特徴がある。たとえば，漁業は誰もが自由に営むことができるわけではないし，漁業ができる水域は漁業権などを根拠に定められている。これに対して，遊漁者は基本的に，どこででも自由に釣りができる。関東地方に在住する漁師は北海道で漁業を営むことはできないが，関東地方に在住する遊漁者は北海道の遊漁者になりうる。こうした特徴から，遊漁では商業漁業とは異なった管理方策が必要となってくる（Cooke and Cowx, 2006; 金田, 2010）。

では，遊漁を対象とした資源管理というのは，いったいどのようなものなのだろうか。まず最初に考えつくのは，対象となる資源の増殖事業と，遊漁者が資源を根絶やしにしないようにするための規制やルールの設定である。こうした管理指針や規制は，対象となる魚の生態や資源量（どれだけ魚がいるか），釣り人が 1 日に釣る魚の量といった情報から，科学的根拠を元に設定される必要がある。

さらに，遊漁のための資源管理における重要な点は，資源の維持だけではない。遊漁者にとって魚を採捕する目的はレジャー，レクリエーションであり（Arlinghaus et al., 2007; 金田, 2010），遊漁者は「魚を獲る行為，あるいは釣獲した魚そのものを通じて，気持ちの満足を得ることを目的とする人」といえる。これは，生計を立てるために魚を採捕する漁業者と根本的に異なる点である。よって，遊漁を対象とした水産資源管理では，遊漁者による乱獲防止のみならず，釣果や「魚や自然と親しむこと」を通じて遊漁者が満足できるような環境や資源水準の維持も重要であるといえる。日本の一般的な内水面では，資源の増殖や釣り場の整備，監視といった管理業務（以降，漁場管理）を行う財源として，遊漁者が釣りをする際に支払う遊漁料は重要な財源となっており，多くの内水面では遊漁料収入なくして経営は成り立たないとさえいわれている（佐藤, 2000）。こうした背景から，遊漁が継続されるためには，水産資源だけでなく，漁場管理の運営を継続できる入込遊漁者数も維持する必要がある。さらに，遊漁者による乱獲を防ぐための規制を設けても，それが守られなければ意味がないが，限られた資源と制限のなかで満足な釣りができる環境があれば，規制を破ろうとするような動機は生まれないと考えられる。こうした背景から，遊漁における漁場管理では，限られた水産資源のなかで，遊漁による資源の減耗を抑えることと遊漁の満足度を高めることを同時に達成し，さらに経営基盤を維持することが求められる。このような漁場管理を，本書では「遊漁管理」と呼ぶ。遊漁管理では，遊漁対象種の特性や釣り場の地理的環境に合わせて，遊漁規則や釣り場の環境整備を工夫する必要がある（中村・飯田, 2009; 中村ら, 2012）。

1.2.1　遊漁管理の応用

水産資源の利用形態としての遊漁（レジャーとしての釣り）は，資源を滅ぼす脅威という弱点を抑えることで，水産資源の社会的・経済的価値を高める役割を果たすことができると考えられる。こうした遊漁の強みを応用し，さらに発展させることはできないだろうか。

釣りではしばしば，絶滅が危惧される希少魚が対象となる。しかし，近年の海外での研究例では，適切な管理のもとでの釣りは，魚類資源にとっての脅威ではなく，むしろ水産資源の保全に寄与しうると指摘されている（Granek et al., 2008; Pinder et al., 2015; Cooke et al., 2016）。たとえば海外では，遊漁者がキャッチ＆リリースによる遊漁規則のもと希少種の資源調査員としての役割を担っている例や，希少種の保全活動に積極的に参加している例，さらに釣りに起因する経済活動や遊漁料を通じて希少魚に食料として以外の社会的・経済的価値を生んでいる例が知られている（Granek et al., 2008; Pinder et al., 2015; Cooke et al., 2016）。一方で，資源保護を目的に禁漁措置をとった場合では，人目がなくなることにより密漁が横行しても気づかれない恐れや，監視や調査のための経費が管理者にとって重い負担となる恐れがある。したがって，的確で持続的な遊漁管理が実現できれば，釣りは希少な魚類資源の有効な保全策として機能することが期待される。

ただし，希少魚の保全策としての釣りを実現するハードルは，現実には決して低くない。日本における通常の内水面遊漁の場合，一般的には遊漁料収入の他に，漁場利用者（たとえば漁業組合員）の支払う賦課金や補助金を加えた財源によって，増殖義務の履行や釣り場の整備や監視といった漁場管理業務が行われる（中村・飯田, 2009; 金田, 2010）。この場合，遊漁料などの収入の増減によって，資源および生息環境の維持管理のための活動や遊漁者の満足度を高める取り組みの内容，つまり遊漁管理の質が左右されてしまう。多くの内水面では，遊漁管理の質を維持するために必要な収入が不足している（中村, 2017）。希少魚が対象の場合，遊漁管理の質の低下は，持続的な遊漁管理，ひいては希少魚の存続に支障を来す恐れがある（中村・飯田, 2009; 中村ら, 2012）。よって，希少魚を対象に個体群の保全と遊漁を両立させるためには，十分な収入が見込める入込遊漁者数の維持や，財源の安定化を図る仕組みが必要となるといえる。

以上のような背景から，日本の内水面において遊漁を管理し，それが希少魚の保全策として機能するためには，①的確な遊漁規則により遊漁による資源の減耗を最小限に留めること，②希少魚の保全と遊漁資源としての活用に整合性が認められること，③遊漁対象種の資源水準を，個体群の維持が可能で，なおかつ遊漁者が満足できるような規模で維持すること，④必要な遊漁管理の質を維持できるように経営の安定化を図ることの 4 つを満たす必要があるといえる。

1.3 研究フィールド ―北海道然別湖

本書では，北海道にある然別湖を舞台として，高度な遊漁管理によって釣りを希少魚の保全策として位置付け，さらにそれを地域振興策として発展させるというストーリーを模索したい。然別湖は北海道十勝総合振興局管内（以下，十勝管内と表記）の北西部，鹿追町にある自然湖で（図 1.1），面積は 3.4 km^2，平均水深は 56.1 m，最深部は 109 m と，小さくも深い湖である（北海道公害防止研究所, 2005）。然別湖とその流入河川には，オショロコマの亜種であるミヤベイワナが固有に生息しており（前川, 1989），環境省レッドリストにおいて絶滅危惧Ⅱ類に指定されている。そんなミヤベイワナであるが，然別湖では象徴

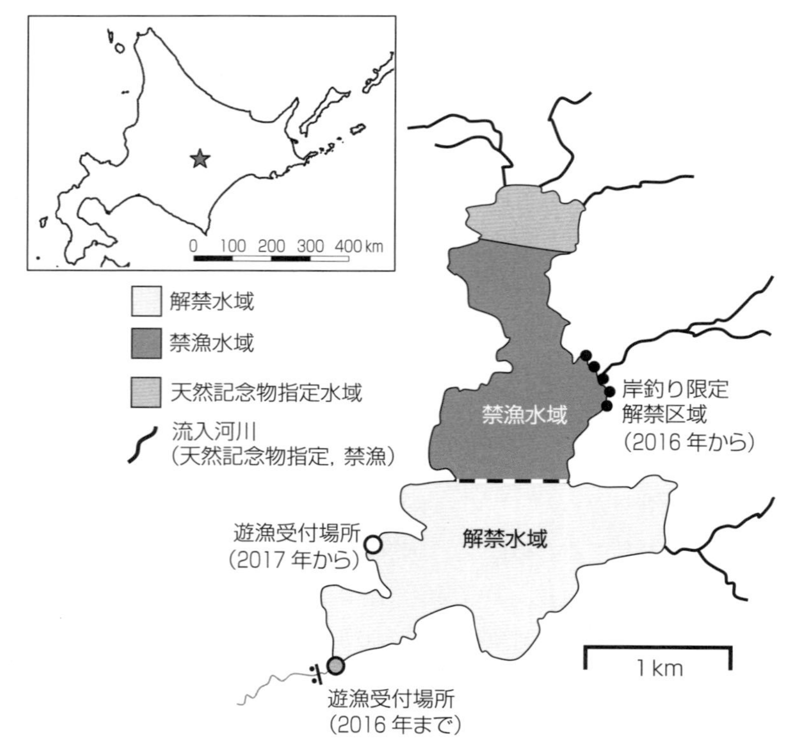

図 1.1 然別湖の位置と水域の概要。遊漁が解禁されている水域は南側半分に限定されている。また流入河川は北海道内水面漁業調整規則で通年禁漁となっている。

的な魚種として遊漁の対象となっており，古くから保全と資源としての活用を両立するための試行錯誤が行われてきた。特定の地域のみに生息する固有種を対象として遊漁が行われている例は，世界的に見ても珍しい。

然別湖をメインフィールドとして研究するにあたり，ミヤベイワナの生活史と現在行われている遊漁とその管理体制，そしてミヤベイワナの保全と利用の試行錯誤の歴史について知っておく必要がある。本節ではこれらについて紹介する。

1.3.1　ミヤベイワナの生活史

ミヤベイワナはその名のとおりイワナの仲間であり，サケ科イワナ属に分類される。つまり，大まかにはサケの仲間である。サケの生活史として，川で生まれ，海に下って大きく育ってから，秋になると生まれた川に帰って繁殖するという生態を知っている人も多いだろう。ミヤベイワナの生活史もサケと同様な点があり，流入河川で生まれて 1 年ほどを過ごしたのち，然別湖に下って 3～4 年程度，主に動物プランクトンを捕食しながら湖のなかを回遊して生活する。4～5 歳で成熟した個体は，9～11 月に流入河川に遡上して産卵する。一方，ミヤベイワナの生態はサケとは異なる点もある。まず，サケは繁殖行動の後にすべての個体が死亡し，生涯に一度しか繁殖しないが，ミヤベイワナは繁殖後も死亡せずに再び湖に戻り，生涯に複数回繁殖する個体も多い。また，サケは川で生まれた個体はすべて海に下るが，ミヤベイワナでは湖に降りて生活する個体だけでなく，一部の個体は繁殖を含めて一生を河川のなかで過ごす（久保, 1968; Maekawa, 1984）。このような生活を送るグループのことを「河川残留型」という。一方，湖に降りて生活するグループは「降湖型（こうこがた）」といい，こちらのほうが多数派である。このように，同じ個体群でも 2 種類の生活史に分かれることを「生活史 2 型」という。

上述のような生活史から，然別湖の北部水域と流入河川は，「然別湖北部水域ならびに流入河川のオショロコマ生息地」として，北海道教育委員会によって天然記念物に指定されており，すべての動植物の採捕が禁止されている。然別湖で遊漁の対象となっているのは，湖で摂餌回遊をしている降湖型の個体である。

1.3.2　現在の然別湖の遊漁とその管理体制

現在の然別湖では，ミヤベイワナの他に，サクラマスとニジマスを対象に，6 月上旬から 7 月上旬と，9 月下旬から 10 月上旬の年間 2 シーズン，合計 50 日間に限り「グレートフィッシング in 然別湖」と称して遊漁が解禁されている（グレートフィッシング in 然別湖ウェブサイト http://www.shikaribetsu.com, 2018 年 1 月 11 日閲覧，以下「GFS ウェブサイト」と表記）。ちなみに，サクラマスとニジマスはいずれも移入種であり，サクラマスは 1979 年頃，ニジマスは 1933 年に移入されたと考えられる（北海道立水産孵化場, 1981; 鹿追町役場, 1994）。然別湖には現在，漁業者は存在せず，魚類資源は釣り資源としてのみ利用されている。

然別湖が所在する鹿追町は，然別湖に生息する遊漁対象種の漁業権（第二種区画漁業権）を保有しており，遊漁解禁の運営管理業務は鹿追町内の特定非営利活動法人北海道ツーリズム協会が鹿追町から委託を受けて実施している。然別湖のように，地方自治体が漁業権を保有し，釣り場の運営管理を漁業権者以外が担うという管理体制は，全国的に見ても例のないものである。

1.3.3　然別湖における遊漁の歴史

上述のような珍しい管理体制となった背景として，ミヤベイワナが乱獲により絶滅が危惧される水準まで急減し，応急的に保護に向けた枠組みが構築されたという歴史がある。このような歴史を振り返り整理することは，然別湖における今後の管理指針を検討する上で重要な知見となるだろう。ここで，然別湖におけるミヤベイワナをめぐる資源利用と保護の歴史について，鹿追町 70 年史（鹿追町役場, 1994）などの資料を元に紹介する。

然別湖のミヤベイワナは古くから地域の漁業資源として利用されており，鹿追町では 1962 年よりミヤベイワナの孵化事業を行い，種苗放流が実施されていた。また，北海道教育委員会はミヤベイワナの希少性に鑑み，1968 年に然別湖北部水域と流入河川を「然別湖北部水域および流入河川のオショロコマ生息地」として天然記念物に指定し，すべての動植物の採捕を禁止した。一方，然別湖周辺では 1930 年代から観光開発が行われ，1960 年代には然別湖への交通の便が良くなったことに加え，1968 年の天然記念物指定によってミヤベイワナの知名度が上がったことから，然別湖の天然記念物に指定されていない水域に遊漁者が押し寄せた。その結果，ミヤベイワナの保護を目的とした生息地の天然記念物指定が，かえってミヤベイワナの減少を招く結果となった（平田, 1993 a)。そこで，鹿追町は魚類資源の適切な管理と，地域の資源として活用することを目的に，1970 年 6 月に然別湖のうち天然記念物に指定されていない水域において第二種区画漁業権を取得し（鹿追町役場, 2017 年 6 月 27 日聞き取り)，これに基づき 1975 年まで禁漁とする措置をとった。

禁漁措置にあわせて，町は毎年 2000 万円の予算を計上して孵化事業に取り組んだ。その後，資源の回復が見込まれたため，1976 年から期間と水域を限定して，遊漁が解禁されることになった。このとき，漁期は 6 月 1 日〜7 月 31 日までの 2 か月間，漁法は手釣りのみ，使用できる竿は 1 人 1 本まで，遊漁料は 1 人 1 日 1000 円という遊漁規則が設けられた。しかし，増殖事業の甲斐なく資源は減少傾向となったため，1981 年から再び全面禁漁の措置がとられた（北海道立水産孵化場, 1982)。

1976 年から 1980 年までの間の，釣獲尾数と資源量の推計値が記録に残っている（北海道立水産孵化場, 1976〜1980，表 1.1)。1979 年の釣獲尾数は 12 万 8000 尾で，資源量は 18 万 1000 尾，1980 年では釣獲尾数は 4 万 2100 尾，資

表 1.1　1976〜1980 年における釣獲尾数，遊漁者数，推定資源量の推移。データは北海道立水産孵化場（1976〜1980）より引用

解禁年	1976	1977	1978	1979	1980
推定釣獲尾数	100,000	50,000	100,000	128,000	42,100
遊漁者数	7,088	4,433	4,755	6,390	6,287
1 人 1 日当たりの釣獲尾数	14.1	11.3	21.0	20.0	6.7
推定資源量注)	n.d.	n.d.	n.d.	181,000	68,400

注）推定資源量は遊漁解禁前の尾数。n.d. は記録がないことを示す。

源量は6万8400尾と推定されていた（北海道立水産孵化場, 1979, 1980）。また，1976年から1979年までの1人1日当たりの釣獲尾数は11.3～21.0尾/人･日で推移していたが，1980年には6.7尾/人･日に減少した（北海道立水産孵化場, 1976～1980）。こうした記録から，ミヤベイワナ資源は1980年において急激に減少したと考えられる。降湖型ミヤベイワナが遊漁の対象となるのはおおむね全長25 cm以上であり，この大きさでの年齢は当時のミヤベイワナの成長速度では3歳以上であると考えられる（Maekawa, 1978）。また，当時の降湖型ミヤベイワナの成熟年齢は3～5歳で，3，4歳が産卵個体群の多くを占めていた（Maekawa, 1978）。そして，1976年に遊漁が解禁されてから，毎年5万～12万尾のミヤベイワナが釣獲されており，4年後の1980年に1人1日当たりの釣獲尾数および推定資源量が減少していた。こうした記録から，1980年の推定資源量の減少は，1976年の遊漁解禁以降に釣り人がミヤベイワナを釣りすぎた結果，繁殖に参加する親魚の数が個体群を維持するために必要な数を下回ったために生じたと考えられる[*2]。なお，上述の1976～1980年における資源量を推定した方法では，ミヤベイワナ資源の特性から資源量を過大推定している可能性がある[*3]。実際，1980年前後に産卵遡上数が100尾台にまで減少したともいわれており（前川, 1998），このときのミヤベイワナ資源は記録の数値以上に深刻な打撃を受けていた可能性がある。

然別湖では1981年以降12年間にわたり全面禁漁が続けられ，その間も孵化放流は継続されて資源の増殖が図られた。そして1993年に，資源の回復状況の調査という位置づけで，鹿追町が主導して「試験解禁」として遊漁が再開された（平田, 1993 a, b）。遊漁を再開するにあたり，過去に管理を失敗した経験を踏まえて厳格な遊漁規則が設けられた。主な内容は，解禁期間の設定（年間

[*2] このように，資源を維持するために本来残すべき親魚まで獲ってしまい，資源を維持するために必要な子孫を残せなくなって資源を減少させてしまう現象を，加入乱獲という。然別湖の場合でも，当時は釣り人による加入乱獲が起こっていたと考えられる。

[*3] 当時のミヤベイワナ資源量は，遊漁者の1人1日当たりの釣獲尾数からDeLury法という資源量推定法で推定されている。資源量と1人1日当たりの釣獲尾数が非線形関係の場合，DeLury法をそのまま適用すると資源量は過大あるいは過小推定される。ミヤベイワナの場合では，過大推定となると考えられる（詳細は第2章を参照）。

20～30 日間），遊漁者数の制限（1 日 30 人），使用できる竿の数の制限（1 人 1 本），持ち帰ることのできるミヤベイワナの尾数制限（1 人 1 日 10～20 尾）であった（平田, 1993 a, 1997）。遊漁料は 1 人 1 日 2500 円に設定された（その後，遊漁規則の見直しに伴い 3000 円に改定）。遊漁者数を確実に制限するために，遊漁券ははがきの郵送による事前申し込み制とし，申し込み人数が定員を超えた場合は抽選が行われた。抽選には警察官が立ち会い，厳正を期して行われた（平田, 1993 b）。さらに，持ち帰り尾数を確実に制限するため，遊漁者が持ち帰る魚の数と大きさをすべて計測し，釣獲尾数のデータを蓄積した。また，北海道立水産孵化場の協力の下，ミヤベイワナの資源量や再生産状況に関する各種調査が実施され（平田, 1994; 北海道立水産孵化場, 1993～2003），調査結果を反映して持ち帰り尾数制限や解禁時期が数回にわたり変更された。

ミヤベイワナ遊漁の抽選倍率は最高で 18 倍にも及び（faula 編集部, 2013），北海道外在住の遊漁者からの申し込みもあるなど，然別湖の遊漁解禁は大きな反響をもって迎えられた。一方で，厳格な管理による漁獲圧制限の効果もあってか，ミヤベイワナの産卵遡上個体数が前年比 2 倍に増加する年があるなど，資源回復と思われる兆候も見られるようになったが，資源の増加には至らなかった（平田, 1996; 北海道立水産孵化場, 1993～2003）。さらに，厳格な管理体制を維持するためには人件費などの行政コストがかさんだ一方，遊漁者数や解禁日数を制限した影響から遊漁料収入により必要な費用を補うことができなかった（平田, 1994）。このような背景から，1993 年以来 12 年間継続した抽選による遊漁解禁は財政面で行き詰まり，継続が困難になった（武田, 2005）。そこで，こうした課題の克服を目的として，2005 年より然別湖における釣り場の運営管理業務は鹿追町内の特定非営利活動法人北海道ツーリズム協会に委託され，然別湖特別解禁「グレートフィッシング in 然別湖」として遊漁解禁が行われることとなった（武田, 2005）。

遊漁の管理業務が協会に委託された際，遊漁規則が大幅に改訂された（付録資料表 A.1）。まず，経営の安定化を図るために遊漁料を 1 人 1 日 4000 円（2015 年に 4110 円に改定）に設定するとともに，1 日当たりの遊漁者数制限を 40 人へ引き上げ，解禁期間を 50 日間に延長した（佐々木, 2006）。また，従来は抽選で遊漁者数を制限していたところを予約制先着順に改め，予約はインターネットおよび電話で受け付けるようにした。また，遊漁者数と解禁日数の増加による努力量の増加に対応するため，ミヤベイワナについては持ち帰りを禁止して，釣獲後すべて再放流すること（キャッチ＆リリース）を義務化するとともに，使用できる漁法をルアーフィッシング*4 とフライフィッシング*5 に限定し，もどし（かえし）*6 のない J 字型の鈎*7（シングルバーブレスフック）の使用を義務付けた（武田, 2005; 佐々木, 2006）。さらに，釣獲尾数のモニタリングを継続するために，遊漁券と一緒に釣果報告票を配布し，1 日の釣りを終えた後にその日の釣果を釣果報告票に記載して報告することを遊漁規則で義務付けた。釣果報告は釣獲尾数のモニタリングに使用されるだけでなく，その概要については GFS ウェブサイトにおいて釣果情報として発信されており，遊漁解禁期間中ほぼ毎日更新されている。釣果情報には 1 日の釣れ具合や天候・湖の状況に関する情報のほかに，遊漁者が釣りを楽しむための技術的情報も記述されている。解禁期間は当初は 6 月上旬〜8 月上旬に設定されていたが，7 月上旬を過ぎると釣果が大幅に低下することがわかったため（田畑, 私信），2007 年以降は 6 月上旬から 7 月上旬の「ファーストステージ」（33 日間），9 月下旬から 10 月上旬の「セカンドステージ」（17 日間）の 2 期間に分けて開催するようになり，同時期に遊漁者数の制限が 50 人/日に引き上げられた。以降は，大きな変更なく 2017 年まで至っている。

1.3.4　然別湖のミヤベイワナを対象とした遊漁の管理指針

ミヤベイワナは然別湖の固有種であり，過度の利用のために資源を滅ぼしてしまうようなことがあってはならない。1960 年代から現在に至るまでの然別湖における遊漁の歴史を振り返ると，然別湖において遊漁を継続するために

*4 金属やプラスチックを使って小魚を模した疑似餌を使う釣り。

*5 鳥の羽や獣の毛を使って昆虫や水中に棲む小動物を模した疑似餌を使う釣り。

*6 よく用いられる釣り鈎には，一度かかった魚が外れにくいように，鈎先にもどし（かえし）と呼ばれる鈎先とは逆方向を向いたとがった部分がある。

*7 ルアーフィッシングでは，錨のように 1 本の鈎に鈎先が 3 本ついた釣り鈎も多く使用される。こうした釣り鈎は「トリプル（トレブル）フック」と呼ばれる。

は，①遊漁によるミヤベイワナ資源の減耗を資源の維持ができる範囲に抑えること，②資源が許容できる圧力の範囲でできるだけ多くの遊漁者を呼び込み，遊漁管理の費用を捻出することが重要であると考えられる。しかし，これだけでは，保全の対象となる固有種をあえて釣り資源として活用することの意義が不明瞭である。そのため，希少魚の保全という観点から遊漁を継続する意義が認められるためには，遊漁が希少魚の保全策としての役割を果たす必要がある。その役割の一つとして，遊漁者数と遊漁者の釣獲尾数をモニタリングすることで，遊漁によって資源調査を可能とすることがある。そのためには，③遊漁者数と釣獲尾数をモニタリングすること，④希少魚の資源状況を把握するシステムを確立することが必要である（Cooke et al., 2016）。さらに，然別湖で漁業権を有する鹿追町は，遊漁解禁を地域振興策として位置付けており，遊漁解禁にかかる費用の一部を実質は町行政が負担している形となっている。そのため，政策的な意図において然別湖の遊漁を持続する意義が認められるためには，⑤遊漁の地域振興策としての妥当性を示す必要がある。

これらの 5 つの条件のうち，然別湖では遊漁規則により遊漁者の釣果報告が義務付けられていることから，③の条件は満たされている。また，釣り人の釣果報告を基に資源状況のモニタリングが可能と考えられるが，この場合，釣果報告からどのように資源量の指標を導き出すか調べる必要がある。一方，①，②，④，⑤の 4 つの条件については，科学的・客観的なデータに基づき，定量的に評価される必要がある。ミヤベイワナは然別湖の固有種であり，然別湖の個体群が絶滅すると天然個体群が消滅してしまう。このような魚種を対象に，釣りが保全策として機能することを示すことで，遊漁の存在意義や，希少魚の保全の在り方について，新たな視座をもたらすことが期待できるだろう。

1.4　本書の目的

冒頭で，「釣り」「希少魚の保全」「地域振興」という 3 つのキーワードを挙げたが，いまではこの 3 つがどのように関連するのか大まかに見えてきたのではないだろうか。的確な管理のもとで釣りの良い効果を最大限に引き出しつつ悪い影響を最小限に抑えることで，遊漁を希少魚の保全策として，また地域振興策として位置付けることができると考えられる。本書では，然別湖において，希少魚の保全策として，また地域振興策として遊漁管理を展開するための科学的背景・根拠を示し，その結果から然別湖の釣りを末永く楽しめるようにするための管理指針を示すことを目的とする。さらに，内水面における希少魚を対象とした遊漁の意義について提唱したい。

第 2 章では，ミヤベイワナをはじめとする遊漁対象種の資源について述べる。ミヤベイワナのほか，然別湖で遊漁の対象となっているサクラマスとニジマスについて，2007 年からの 11 年間における遊漁者の釣果データから資源水準の推移を推定するとともに，2014～2017 年における資源量を推定した。また，現行の遊漁規則での漁獲圧低減の効果を検証するため，遊漁によるミヤベイワナ資源の減耗を定量的に評価した。さらに，ミヤベイワナ，サクラマス，ニジマスといった複数魚種を同一水域で管理する上での基礎的知見として，遊漁対象種間における釣られやすさを定量的に比較した。

第 3 章では，遊漁者の志向や動向について述べる。2014～2016 年において然別湖を訪れた遊漁者に聞き取りアンケート調査を行い，遊漁者の志向やニーズについて把握するとともに，遊漁者の動向についてモニタリングを行った。また，アンケートの結果を分析することで，釣り人が釣りたいと思っている魚の数と，その釣果が期待できる資源の大きさについて検討した。

第 4 章では，然別湖を訪れた釣り人の経済活動について述べる。然別湖における遊漁者の消費活動の実態とその金額について調査を行い，遊漁により高められた希少魚の経済価値を算出した。また，鹿追町が地域振興策として遊漁解禁に対して行っている投資と，地域振興策として遊漁解禁により得られる便益を精査して比較し，然別湖における遊漁の地域振興策としての妥当性を評価した。

第 5 章では，第 2 章から第 4 章までの結果を総括し，生物学・水産資源学的な視点のみならず，社会経済学，地域振興策といった視点から，現状の然別湖における遊漁の位置づけや役割について評価した。また，然別湖における遊漁を持続していくために，管理指針を提唱するとともに，希少魚を対象とした遊漁の意義について検討した。

第2章

然別湖における
遊漁対象種のモニタリング

遊漁，つまり釣りは，釣る魚が存在しなければ成立しえない。よって，対象となる資源，つまり釣りの対象となる魚がどれくらいいるか，どれくらい増減するのか，そして釣りによる資源の減耗がどの程度なのかを知ることは，遊漁を対象とした水産資源管理の第一歩であるといえる。本章では，然別湖における遊漁対象種であるミヤベイワナ，サクラマス，ニジマスについて，水産資源学的な視点から行った調査研究について述べる。

2.1　遊漁対象種の資源量推定

水産資源は生物であることから，そのまま放っておいても自ら増えるという特徴がある。よって，遊漁でも商業漁業でも，漁獲によって減耗する量を資源の再生産力を超えない範囲に抑えれば，水産資源を絶やさずに利用することができる。そのためには，資源量と，利用（水産資源でいえば，漁業や遊漁など）による減耗を定量的に把握して，比較する必要がある。よって，資源量は水産資源を持続的に利用するための管理を行ううえで，基本的ながらもとくに重要な情報であるといえる。さらに，内水面遊漁では，資源となる魚の数，つまり資源量は釣果を通じて遊漁者の満足度に影響を与えうることが知られている（Miko et al., 1995）。よって，遊漁の場合では，資源の持続的利用という面だけでなく，遊漁者の満足度を維持するうえでも重要な情報である。本節ではまず，然別湖の遊漁対象資源となっているミヤベイワナ，サクラマス，ニジマスの資源量推定を試みた。なお，本研究では，「釣りの対象となる魚の数」のことを資源量として扱う[*1]。

2.1.1 然別湖における遊漁対象種の生活史

然別湖におけるミヤベイワナ，サクラマス，ニジマスの資源について調べるにあたり，これらの魚種の生活史について知っておく必要がある。とくに，資源量を調べるときには，資源量を調べる漁期（遊漁解禁期間）の間に，資源の移入や移出があったり（資源量を調べている水域から外の水域へ出ていったり，外の水域から入ってきたりすること），漁期が進むにつれて若齢魚が新たに釣りの対象になりうる大きさに育って資源に加わったりして（これを水産資源学の用語で「加入」という），資源量の変化が起こらないかということに注意する必要がある。そこで，これらの魚種の生活史について，先行研究や経験的に知られている情報を記載しておく。

(1) ミヤベイワナ

ミヤベイワナには生活史 2 型が存在し，一生を河川で過ごす河川残留型と，湖に降りて生活する降湖型に分かれる（Maekawa, 1984; 1.2 節）。これらのうち，遊漁の対象となるのは降湖型の個体である。産卵期は 9 月から 11 月にかけてであり，流入河川に遡上して産卵する（Maekawa, 1984）。河川で生まれた後に降湖型に分岐する個体は，7 月から 11 月にかけて降湖する（Maekawa, 1984）。降湖年齢は 0〜3 歳で（前川, 1977），一般に河川での成長が良く 1 歳までに成熟する雄以外は降湖型になるとされる（Maekawa, 1984）。しかし，2 歳以降の生活史の分岐について，そのメカニズムはよくわかっていない。雌個体では河川残留型の出現は稀である（Maekawa, 1983）。

遊漁の対象となるミヤベイワナは主に全長 25 cm 以上であること，産卵遡上期は 9〜11 月であること，そして然別湖では流出河川はせき止められていることから（前川, 1977），ファーストステージ期間中に遊漁の対象となっている資

[*1] 「資源」とは「人間が利用するもの」であることが前提であるので，「釣りの対象とならない魚」や「釣りの対象になる大きさになる前の小型魚」は，ここでは資源に含まれない点に留意されたい。

源では移出入や加入は無視できる。

(2) サクラマス

然別湖におけるサクラマスは陸封型の個体群であり（Tamate and Maekawa, 2000），1980 年ごろに移入されたと考えられる（北海道立水産孵化場, 1981）。陸封型サクラマスの生活史はおおむね降海型サクラマスのものと同様である（Tamate and Maekawa, 2000）。然別湖の場合は，産卵は 8～9 月に行われ，孵化後，河川で 1～2 年を過ごしたのち，早熟雄（1 歳で性成熟する河川残留型の雄）以外のすべての個体が降湖する。降湖時期は 6 月下旬から 7 月で，このときの全長は 10～15 cm ほどである。湖では 1 年間摂餌回遊を行い，その間に 25～40 cm ほどに成長したのち，8 月から 9 月にかけて流入河川に遡上して産卵する。産卵後は降湖型の個体はすべて死亡する。

上述のような生活史から，ファーストステージでは，その年の秋に産卵遡上する個体と，その年に湖に降りた直後の個体が混在する。しかし，これらは体サイズによって容易に区別することができ，ファーストステージで釣獲の対象となるのはその年の秋に産卵遡上する個体である。よって，ファーストステージで釣獲対象となるサクラマス資源では，加入や移出入はないと想定できる。

(3) ニジマス

然別湖のニジマスは自然再生産しており，5 月に流入河川で産卵している（然別湖ネイチャーセンター，私信）。繁殖を終えた個体はその後，湖に戻っているようである。ニジマスは然別湖とその流入河川の両方に生息しているが，然別湖における詳しい生活史はわかっていない。しかし，遊漁が解禁される期間は繁殖期と重なっていないため，遊漁解禁期間中のニジマス個体群の移出入は無視できるものと仮定した。

2.1.2　資源量の推定方法

自然の海や湖にいる魚の数を知ることは容易ではない。なぜなら，水のなかを泳ぐ魚の数を数えることはほぼ不可能であり，まさか湖の水を全部抜いて調べることもできないからである。よって，資源量を調べようとする場合，何らかの統計学的な手法を使って推定することになる。本研究では，標識放流法という方法で資源量（資源尾数）を推定した。ここで，その方法の基本的なメカニズムについて紹介したい。

湖から一定の数の魚を獲り，これに何らかのマーキング（標識）をして放流する。そして，しばらくたって再び湖の魚を何匹か獲ると，そのなかに何匹か標識のついた魚が混ざっていることが期待される。このとき，標識をつけて放流した魚が湖のなかで均一に混ざっていれば，獲った魚の総数のうちの標識のついている魚の割合は，湖にいる魚の総数（＝資源量）のうちの標識をつけて放流した魚の数の割合となっていると考えられる（図 2.1）。

このことを数式で表現すると，最初に標識をつけて放流した魚の数を X 尾，資源量を N 尾，しばらくたってから獲った魚の数を n 尾，そのなかに混ざっている標識のついた魚の数を x 尾とすると

$$\frac{X}{N} = \frac{x}{n}$$

$$N = \frac{nX}{x} \tag{2.1}$$

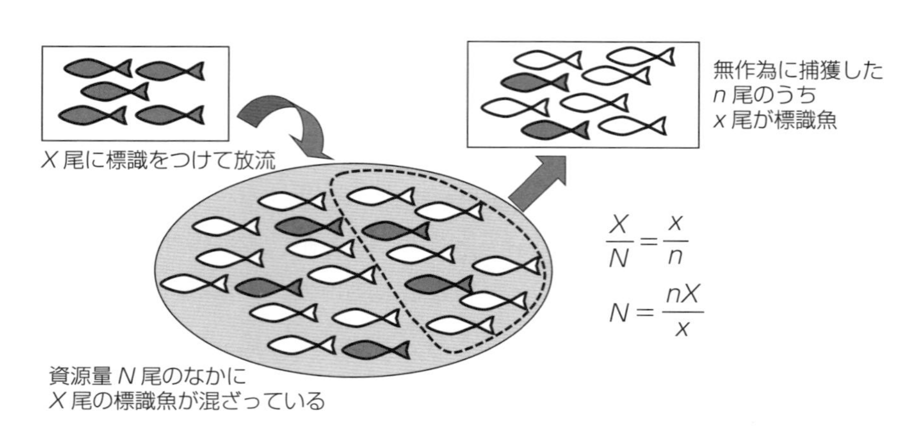

図 2.1　標識放流法による資源量推定のメカニズム。資源量 N 尾のうち標識魚 X 尾が一様に混ざり，そのなかから n 尾を無作為に捕獲すると，標識魚が混ざっていることが期待される。このとき，捕獲した個体のなかの標識魚の割合は，資源のうちの標識魚が混ざっている割合と同じであると想定できる。

となる。このように，標識をつけて放流した魚の数を数え，その後に魚を獲ったときの魚の数のうち標識がついている魚の割合を調べることで，資源量（資源尾数）を見積もることができる（図 2.1）。この方法は極めてシンプルであるが，実は統計学の最尤法という手法によって裏付けられている手法である。

なお本研究では，然別湖の実情に合わせて上述の方法に改良を加え，資源量を推定した。改良した方法についてはこの後，方法および結果を紹介するときに合わせて紹介する。

2.1.3　遊漁対象種の資源量推定

然別湖の遊漁対象種の資源量推定を目的に，遊漁解禁期間のうちファーストステージ期間中に標識放流実験を実施した。まず，ミヤベイワナ，サクラマス，ニジマスをルアーあるいはフライで釣り，麻酔をかけたのちに尾叉長を計測し，標識（バノックタグ）を背びれと脂（あぶら）びれの間に装着した。この標識には 3 桁の番号を記載して，個体識別ができるようにした。そして，計測と標識の装着を終えた個体は，完全に麻酔から覚まして自力で泳げることを確認し，再放流した（Brownscombe et al., 2017）。一方，鈎掛かりによる損傷が激しかった個体は標識放流に用いなかった。

この方法では，釣れるか釣れないかで資源量推定の成否が左右される。つまり，釣果次第で私が博士課程を卒業できるかどうかが左右されるといっても過言ではない状況であった。そのため，ファーストステージ解禁期間中は，標識をつける魚をできるだけ多く確保するために，大粒の雨が降りしきる日や，冷たい風が吹きつける日であっても，「とにかくたくさん釣らなければならない。さもなくば卒業できない」というプレッシャーの下で毎日釣りをした。この場合における「釣り」は，追い求めるものは「楽しみ」ではなく「データ（＝釣果）」であり，研究のためのサンプルを確保する手段以外の何物でもない。そのため，本来は楽しいはずの「釣り」が，この調査期間中はただただ精神的に辛いものであった。しかし，いまとなっては，一人の釣り師として貴重な経験であったようにも思える。

さて，話を本筋に戻そう。標識放流実験は，魚に標識をつけて放流するだけでなく，標識をつけた魚が再捕獲されなければ，資源量は推定できない。そこで，遊漁者から標識魚の再捕獲情報を得るために，遊漁の受付で配布される釣果報告票と一緒に，標識魚の再捕獲報告用紙を配布した。遊漁者が標識魚を釣獲した場合，報告用紙に従って，全長，標識の色と番号，釣獲した場所について記入してもらい，釣果とともに報告を得た。そして，標識をつけて放流した魚の数と，遊漁者が釣った魚の数，遊漁者が釣った標識魚の数を元に，資源量の算出を試みた。

(1) ミヤベイワナ

ここから，標識放流の結果と資源量の推定結果について紹介しながら，実際に行った改良版の資源量推定方法について説明していきたい。まず，ミヤベイワナの結果から紹介する。ミヤベイワナの標識放流は 2014 年から 2017 年にかけて実施した（表 2.1）。はじめに 2014 年の結果を紹介しながら，資源量推定の方法を説明する（表 2.1 a）。2014 年は，6 月 7～12 日，14 日，15 日，17 日の合計 9 日間にわたり標識放流を実施した（13 日は荒天により遊漁そのものが中止となった）。標識放流したミヤベイワナの総数は 310 尾で，1 日に放流した標識魚の数は 3～99 尾であった。一方，2014 年の然別湖ファーストステージ 33 日間で，遊漁者が釣ったミヤベイワナの総数は 4865 尾であり，このうち 9 尾に標識がついていた。1 日当たりの標識魚の再捕獲尾数は 0～2 尾であった。この結果をまとめると，表 2.1 a となる。

さて，ここからは，この結果から資源量を推定する方法について考えてみたい。資源量を推定するにあたり，鍵となる点が 2 つある。1 つめは，標識放流を複数日にわたって行うとともに，標識魚の再捕獲にかけた日数も 33 日あるということである。この点を踏まえ，本研究では湖のなかの累積標識魚尾数が増えるごとに資源量を計算し，その平均をとった（図 2.2）。このように複数回にわたり標識放流を行って推定値の平均をとる方法は，水産資源学ではシュナーベル法という名前で知られる。シュナーベル法は，誤差を小さくして推定値の精度を良くする効果が期待できる。2 つめの鍵は，1 回当たりの標識魚の

表 2.1　2014～2017 年におけるミヤベイワナの標識放流尾数と再捕獲尾数，釣獲尾数

(a) 2014 年

日付	遊漁者の釣獲尾数	標識放流魚尾数	累積標識魚尾数	標識魚再捕獲尾数
6 月 7 日	636	99	―	―
6 月 8 日	452	84	99	0
6 月 9 日	388	12	183	0
6 月 10 日	322	14	195	1
6 月 11 日	313	28	209	0
6 月 12 日	313	51	237	0
6 月 14 日	375	3	288	0
6 月 15･16 日	707	19	291	4
6 月 17 日～7 月 7 日	1,359	0	310	4
合計	4,865	310	―	9

(b) 2015 年

日付	遊漁者の釣獲尾数	標識放流魚尾数	累積標識魚尾数	標識魚再捕獲尾数
6 月 4 日	1,443	84	―	―
6 月 5 日	614	23	84	0
6 月 6 日	887	74	107	1
6 月 7 日	446	62	181	2
6 月 8 日	460	47	243	0
6 月 9 日	423	50	290	2
6 月 10 日	158	61	340	2
6 月 11 日	142	5	401	1
6 月 12 日	179	5	406	1
6 月 13 日	644	36	411	0
6 月 14～18 日	765	0	447	3
6 月 19 日	85	3	447	1
6 月 20 日以降	846	0	450	4
合計	7,092	450	―	17

表 2.1 （続き）

(c) 2016 年

日付	遊漁者の釣獲尾数	標識放流魚尾数	累積標識魚尾数	標識魚再捕獲尾数
6 月 5 日	575	112	−	−
6 月 6 日	380	6	112	0
6 月 7 日	306	51	118	1
6 月 8 日	256	65	169	0
6 月 9 日	62	21	234	0
6 月 10 日	49	14	255	0
6 月 11 日	199	30	269	0
6 月 12 日	168	20	299	1
6 月 13 日	32	12	319	1
6 月 14〜17 日	146	5	331	0
6 月 18 日以降	915	0	336	4
合計	3,088	336	−	7

(d) 2017 年

日付	遊漁者の釣獲尾数	標識放流魚尾数	累積標識魚尾数	標識魚再捕獲尾数
6 月 6 日	523	67	−	−
6 月 7 日	291	63	67	1
6 月 8 日	128	40	130	0
6 月 9 日・10 日	378	25	170	0
6 月 11 日	154	25	195	3
6 月 12 日・13 日	159	8	220	1
6 月 14〜18 日	382	24	228	2
6 月 19 日	41	32	252	0
6 月 20 日以降	294	0	284	3
合計	2,350	284	−	10

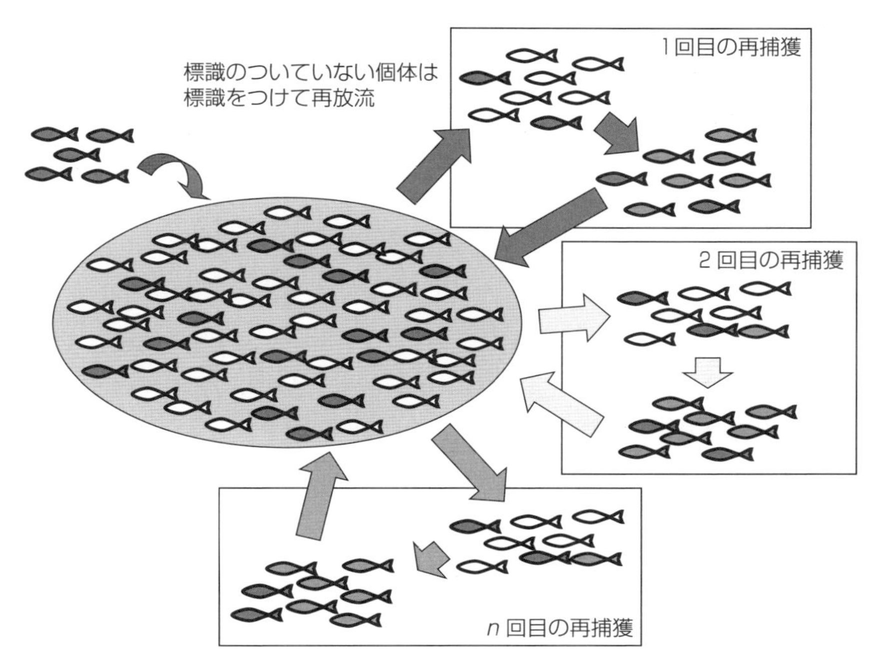

図 2.2　然別湖で適用した標識放流法（シュナーベル法）のメカニズム。標識放流を繰り返すたびに標識魚の数が増えていくので，精度が上がっていく。標識放流を n 回繰り返し，各回での推定資源量について平均値（正しくは，再捕獲された標識魚の数で重みづけをした重みづけ平均）をとる。

再捕獲尾数が 0～2 尾と少ないことである。標識魚の再捕獲尾数が少ないとき，推定される資源量は過大気味になることが知られている。さらに，そもそも標識魚の再捕獲尾数が 0 尾では資源量を推定することができない。しかし，シュナーベル法の場合は，平均をとる際に分母に 1 を足すことで補正できることが知られている（Begon, 1979）。このように，本研究の標識放流では，標識魚の再捕獲尾数が少ないときの修正を加えたシュナーベル法により資源量を推定した。この方法を数式で書くと次のようになる。

$$N_f = \frac{\sum X_i n_i}{\sum x_i + 1} \tag{2.2}$$

ここで，N_f は資源量（尾数），X_i は i 日における標識放流魚の総数，n_i は i 日における遊漁者の釣獲尾数，x_i は i 日における標識魚の再捕獲尾数を示している。また，推定した資源量の標準誤差（推定値の誤差の範囲，SE と記載）は，次の式で算出した。

$$\mathrm{SE} = N_f \sqrt{\frac{1}{\sum x_i + 1} + \frac{2}{\left(\sum x_i + 1\right)^2} + \frac{6}{\left(\sum x_i + 1\right)^3}} \tag{2.3}$$

これらの式を，2014 年ファーストステージでのミヤベイワナの標識放流の結果（表 2.1 a）に当てはめて資源量を推定した。これらの式を当てはめるにあたり，標識放流の結果は，湖に放流した標識魚の総数に応じて，遊漁者の釣獲尾数および標識魚の再捕獲尾数を集計した。その結果，2014 年ファーストステージにおけるミヤベイワナの資源量は 10 万 5300 尾，標準誤差は ± 3 万 7400 尾と推定された。

同じような要領で，2015～2017 年のミヤベイワナ資源量も推定した（表 2.1 b～d）。各年の標識放流尾数は，2015 年は 450 尾，2016 年は 336 尾，2017 年は 284 尾であった。このうち，再捕獲された標識魚の尾数は，2015 年は 17 尾，2016 年は 7 尾，2017 年は 10 尾であった。遊漁者に釣獲されたミヤベイワナの延べ尾数は，2015 年は 7092 尾，2016 年は 3088 尾，2017 年は 2350 尾であった。これらの結果から，各年のファーストステージにおける資源量（± 標準誤差）は，2015 年は 9 万 2800（± 2 万 3250）尾，2016 年は 8 万 3120（± 3 万 4080）尾，2017 年は 3 万 1480（± 1 万 530）尾と推定された。

ひとまず推定資源量の数字は出たが，ここで注意しなければならない点がある。標識放流で資源量を推定するためには，5 つの条件を満たす必要がある。5 つの条件のうち一つでも合わないものがあった場合，推定された資源量の数字は妥当性を欠くものとなってしまう。そこで，然別湖のミヤベイワナの場合について，標識放流で資源量を推定できる条件を満たしているかどうか，ここで検討していく。

1 つめの条件は，一度つけた標識が外れてしまうことと（標識の脱落），標識をつけた魚が死んでしまうこと（標識魚の死亡）がないことだ。標識の脱落や標識魚の死亡が起こってしまうと，実際に湖のなかを泳いでいる標識魚の数が標識放流した魚の数よりも少ないことになり，資源量は過大推定となってしまう。そこで，標識の脱落がないか，標識をつけたことによる死亡が起こらないか，実験を行って確かめた。その方法はごくシンプルで，標識放流実験を行ったときと同様の方法で釣って標識をつけた魚を生け簀のなかに留置し，一定期間がたった後に標識が脱落した個体や死亡個体を数えた。また，この実験では生け簀のなかに留置した影響で死亡する可能性も考えられたことから，同様の実験を標識をつけない個体でも同時に行った。生け簀のなかに留置する時間は 24 時間および 17 日間で，24 時間留置する実験を 4 回，17 日間留置する実験を 1 回行った。これら一連の実験の結果，留置した時間によらず，標識が脱落した個体も死亡した個体も見られなかった。よって，本研究では標識の脱落および標識による死亡はないものとみなした。

2 つめの条件は，標識魚の再捕獲と釣果がすべて報告されていることだ。然別湖の場合は，遊漁規則によってすべての遊漁者に釣果報告が義務付けられ，そのときに標識魚の再捕獲についても報告されている。よって，この条件は問題なくクリアしているといえる。標識放流実験では，通常，標識魚の再捕獲情報の回収に苦労することが多く，これが大きな問題となることもある。しかし，然別湖の場合は，すでに構築されていた遊漁管理システムのおかげで，まったく問題とならなかった。

3 つめの条件は，標識放流を実施している期間中に，個体群の移入や移出がないことだ。ファーストステージに関しては，この問題もクリアできていると考えられる。本章の冒頭で説明したミヤベイワナの生活史のとおり，ファーストステージが開催される 6～7 月には，遊漁の対象となる降湖型のミヤベイワナは湖で生活しており，流入河川に移動することはない。さらに，然別湖の流出河川は発電を目的にせき止められており，魚が流出河川に流れ出てしまうこともない。

4 つめの条件は，標識をつけた魚も，標識をつけなかった魚も，一様に混ざって，釣られる確率が均一となっていることである。たとえば，標識をつけた魚が放流地点から動かず，特定の場所に集中した場合，そこでは標識魚が釣れる確率が高くなり，逆にそれ以外の場所では標識魚は釣れないことになる。こうなってしまうと，「標識放流後にもう一度獲った魚の総数のうちの標識魚の割合は，資源量のうちの標識をつけて放流した魚の数の割合となっている」という標識放流の前提が満たされなくなる。よって，標識魚を放流してから再捕獲されるまでの移動分散の様子についても観察する必要がある。本研究で使った標識には3桁の番号が書いてあり，標識魚が再捕獲されたときには標識の番号も報告してもらうようにした。そして，番号の報告があったものについて，標識をつけて放流してから再捕獲されるまでの移動と日数について集計した（図2.3）。ミヤベイワナについて見てみると，標識放流を行ったいずれの年でも，標識魚は湖の広い範囲を移動していることがわかる。よって，ミヤベイワナの

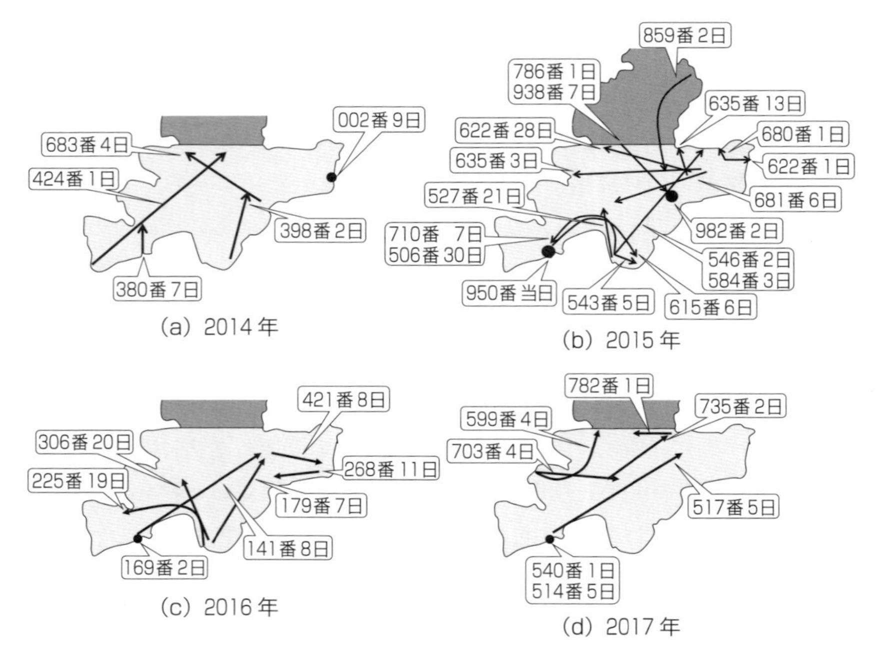

図2.3　標識放流後に再捕獲されたミヤベイワナの移動分散（個体識別できた個体）。矢印の起点と終点はそれぞれの放流位置と再捕獲位置を示す。番号は標識に記載した個体識別番号，日数は再捕獲までの日数を示している。薄いグレーは遊漁解禁水域，濃いグレーは禁漁水域である。2015年は一部個体を試験的に禁漁水域に放流した。

場合は，標識放流した個体は放流後に広い範囲を回遊し，ほかの標識のついていない個体と混ざっていたと想定できる。さらに，標識魚の移動分散の様子から，ミヤベイワナの推定資源量は湖全体のものを反映していると考えられる。

5 つめの条件は，標識をつけた個体と標識をつけなかった個体で，釣られやすさが変わらないことである。たとえば，一度釣られた魚が後に釣られにくくなってしまったり，逆に釣られる個体はだいたい決まっていて同じ魚が繰り返し釣られたりしている場合，やはり遊漁者の釣獲尾数のうちの標識魚の割合と資源量のうちの標識放流魚の割合は一致しなくなってしまう。まず，標識放流の結果から 1 シーズンで釣られる回数を見てみると，多くの個体が 1 回か 2 回であり，標識魚が何度も釣られるような結果は得られなかった（図 2.3 の個体番号を参照）。標識がついていない個体についても，口腔付近に鈎が掛かった痕が残っている個体もよく釣られている。また，近縁種のイワナ *S.leucomaenis* では，釣られた経験と釣られやすさは関係しないという結果が得られている（坪井ら, 2002）。よって，ミヤベイワナの場合，資源量を推定するうえで問題となるほど，標識魚が釣られやすかったり，逆に釣られにくくなったりすることはないと考えられる。

以上の結果から，ミヤベイワナの資源量を推定するにあたり，標識放流法は妥当な方法であると考えられた。よって，本研究でのミヤベイワナの推定資源量は，妥当な数値であると想定できた[*2]。

(2) サクラマスとニジマス

ミヤベイワナでは標識放流による資源量推定がうまくいったことから，サクラマスとニジマスでも資源量推定を試みた。サクラマスとニジマスは，2015 年から 2017 年にかけて標識放流実験を行った。そして，ミヤベイワナと同様の要領で資源量推定を試みた。

標識放流したサクラマスの尾数は，2015 年は 67 尾，2016 年は 38 尾，2017

[*2] 標識放流での資源量推定に必要な前提条件に加え，別の方法でも推定資源量の妥当性について検証した結果，やはり推定資源量は妥当な数値であるという結果が得られている。詳細はここでは省略するが，Yoshiyama et al.（2017）を参照されたい。

年は 16 尾であった。このうち，各年において再捕獲された標識魚の尾数は，2015 年と 2016 年はともに 8 尾，2017 年は 3 尾であった。釣獲されたサクラマスの延べ尾数は，2015 年は 938 尾，2016 年は 740 尾，2017 年は 256 尾であった。これらの結果から，各年のファーストステージ時点における資源量を推定した結果，2015 年は 2910（± 1000）尾，2016 年は 1690（± 640）尾，2017 年は 560（± 390）尾であった（表 2.2）。また，釣獲された標識魚について再捕獲されるまでの移動分散を見てみると，ミヤベイワナと同様に，各年ともに湖の広い範囲に移動分散している（図 2.4）。よって，推定された資源量は，ミヤベイワナと同様に湖全体のものを反映していると考えられる。

表 2.2　2015〜2017 年におけるサクラマスの標識放流尾数と再捕獲尾数，釣獲尾数

（a）2015 年

日付	遊漁者の釣獲尾数	標識放流魚尾数	累積標識魚尾数	標識魚再捕獲尾数
6 月 4 日	156	2	−	−
6 月 5 日	52	1	2	0
6 月 6・7 日	69	3	3	0
6 月 8 日	32	4	6	0
6 月 9・10 日	53	1	10	0
6 月 11 日	15	1	11	0
6 月 12・13 日	76	3	12	0
6 月 14・15 日	68	7	15	0
6 月 16 日	13	8	22	0
6 月 17 日	25	11	30	0
6 月 18 日	11	2	41	1
6 月 19 日	28	7	43	0
6 月 20 日	66	2	50	0
6 月 21・22 日	36	3	52	0
6 月 23・24 日	20	1	55	2
6 月 25 日	15	3	56	0
6 月 26・27 日	44	8	59	2
6 月 28 日以降	159	0	67	3
合計	938	67	−	8

表 2.2（続き）

(b) 2016 年

日付	遊漁者の釣獲尾数	標識放流魚尾数	累積標識魚尾数	標識魚再捕獲尾数
6 月 5 日	173	14	—	—
6 月 6 日	74	2	14	1
6 月 7 日	32	4	16	1
6 月 8 日	38	1	20	0
6 月 9 〜 11 日	100	1	21	0
6 月 12 日	23	3	22	3
6 月 13 〜 15 日	46	3	25	0
6 月 16 日	19	1	28	0
6 月 17 日	34	1	29	0
6 月 18 日	40	1	30	0
6 月 19 日	28	3	31	0
6 月 20 日	9	2	34	0
6 月 21 日	6	1	36	0
6 月 22・23 日	8	1	37	0
6 月 24 日以降	110	0	38	3
合計	740	38	—	8

(c) 2017 年

日付	遊漁者の釣獲尾数	標識放流魚尾数	累積標識魚尾数	標識魚再捕獲尾数
6 月 6 日	38	3	—	—
6 月 7 日	26	2	3	0
6 月 8 日	25	1	5	0
6 月 9 日	4	3	6	0
6 月 10 〜 18 日	71	3	9	0
6 月 19 日	4	1	12	0
6 月 20 〜 22 日	15	1	13	0
6 月 23 日	5	1	14	1
6 月 24 日	13	1	15	1
6 月 25 日以降	55	0	16	1
合計	256	16	—	3

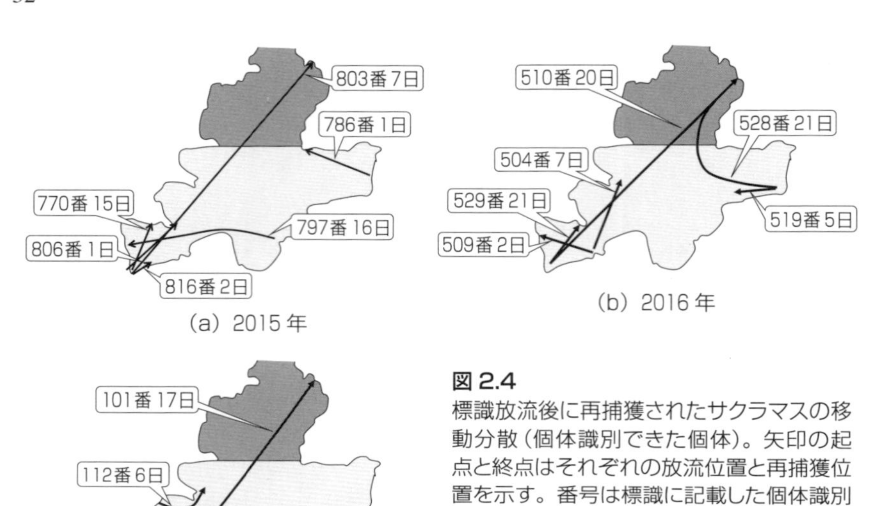

図 2.4
標識放流後に再捕獲されたサクラマスの移動分散（個体識別できた個体）。矢印の起点と終点はそれぞれの放流位置と再捕獲位置を示す。番号は標識に記載した個体識別番号，日数は再捕獲までの日数を示している。薄いグレーは遊漁解禁水域，濃いグレーは禁漁水域である。2015 年は禁漁水域において試験的に採捕・放流を実施した。

ニジマスの標識放流は，2015～2017 年のファーストステージに実施した（表 2.3）。各年における標識放流尾数は，2015 年は 65 尾，2016 年は 44 尾，2017 年は 42 尾であり，このうち再捕獲された標識魚の尾数は，2015 年は 17 尾，2016 年は 3 尾，2017 年は 2 尾であった（表 2.3）。再捕獲された標識魚の移動分散について見てみると，ミヤベイワナやサクラマスの例と異なり，いずれの年も湖岸沿いの限定的な範囲に限られていた（図 2.5）。とくに，2016 年と 2017 年の標識放流魚は，放流地点から比較的近い場所で，日を経ずに再捕獲された個体もいた（図 2.5 b, c）。この場合，標識をつけて放流した場所から離れずに再捕獲されたと考えられ，標識放流で資源量を推定できる条件を満たさないことになる。そのため，2016 年と 2017 年は資源量を推定するのは不適切であると判断し，2015 年のみ資源量を推定した。2015 年の釣獲尾数は 732 尾であり，2015 年ファーストステージ時点における資源量は 1620（± 410）尾と推定された（表 2.3 a）。2015 年のニジマス標識魚の移動について見てみると，多くの個体が岸沿いに移動しており，移動分散はしているものの，その範囲は

表 2.3　2015～2017 年におけるニジマスの標識放流尾数と再捕獲尾数，釣獲尾数

(a) 2015 年

日付	遊漁者の釣獲尾数	標識放流魚尾数	累積標識魚尾数	標識魚再捕獲尾数
6 月 4 日	20	1	—	—
6 月 5～8 日	58	1	1	0
6 月 9～12 日	37	3	2	0
6 月 13～15 日	76	12	5	0
6 月 16 日	13	2	17	0
6 月 17 日	15	9	19	0
6 月 18 日	26	16	28	0
6 月 19 日	52	0	44	1
6 月 20 日	62	7	44	2
6 月 21～24 日	92	4	51	0
6 月 25 日	32	5	55	0
6 月 26 日	5	2	60	1
6 月 27 日	62	2	62	2
6 月 28 日	25	1	64	2
6 月 29 日～7 月 1 日	81	0	65	4
7 月 2～6 日	76	0	64	5
合計	732	65	–	17

(b) 2016 年

日付	遊漁者の釣獲尾数	標識放流魚尾数	累積標識魚尾数	標識魚再捕獲尾数
6 月 16 日	34	5	—	—
6 月 17 日	9	1	5	0
6 月 18 日	45	4	6	0
6 月 19 日	32	5	10	0
6 月 20 日	10	8	15	0
6 月 21 日	19	3	23	0
6 月 22・23 日	12	6	26	0
6 月 24 日	22	7	32	0
6 月 25～27 日	72	3	39	0
6 月 28 日	25	4	42	0
6 月 29 日	12	2	46	0
6 月 30 日・7 月 1 日	21	1	48	1
7 月 2～6 日	59	0	49	2
合計	325	44	–	3

表 2.3 （続き）

（c）2017 年

日付	遊漁者の釣獲尾数	標識放流魚尾数	累積標識魚尾数	標識魚再捕獲尾数
6 月 6 日	46	3	−	−
6 月 7 日	3	2	3	0
6 月 8 日	20	1	5	0
6 月 9 日	16	1	6	0
6 月 10 日	21	2	7	0
6 月 11 日	15	2	9	0
6 月 12 〜 16 日	81	1	11	0
6 月 17 日	21	2	12	0
6 月 18 日	16	6	14	0
6 月 19 日	43	1	20	0
6 月 20 日	20	1	21	0
6 月 21 日	18	9	22	0
6 月 22 日	2	1	31	0
6 月 23 日	27	1	32	0
6 月 24 日	20	2	33	1
6 月 25 〜 28 日	70	7	35	0
6 月 29 日以降	121	0	42	1
合計	590	42	−	2

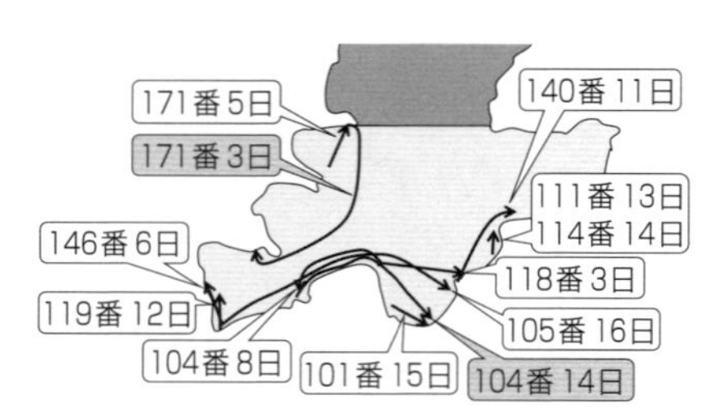

（a）2015 年

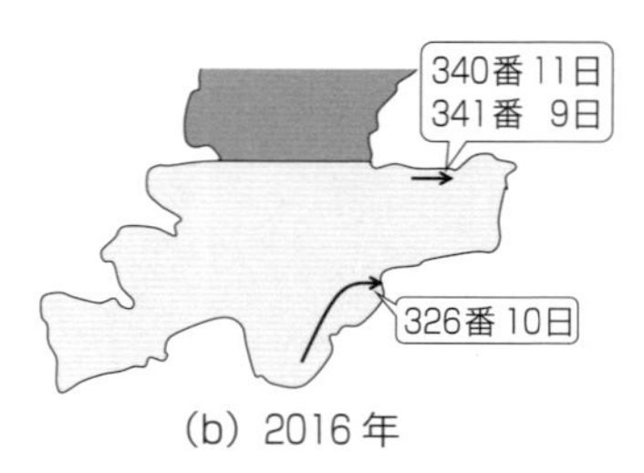

（b）2016 年

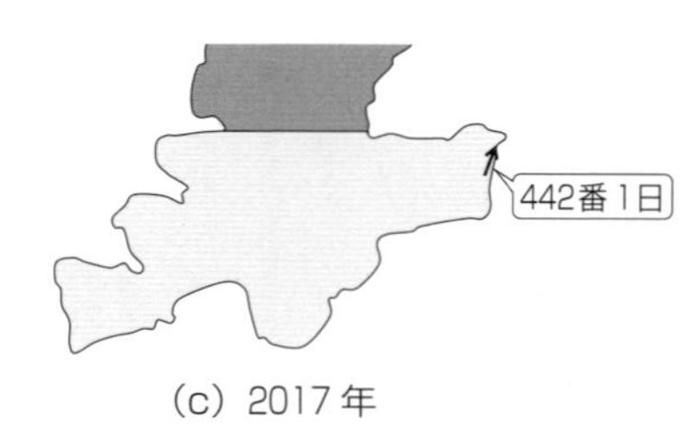

（c）2017 年

図 2.5
標識放流後に再捕獲されたニジマスの移動分散（個体識別できた個体）。矢印の起点と終点はそれぞれの放流位置と再捕獲位置を示す。番号は標識に記載した個体識別番号，日数は再捕獲までの日数を示している。薄いグレーは遊漁解禁水域，濃いグレーは禁漁水域である。2015年に再捕獲された個体のうち，グレーで示された吹き出しは2回目の再捕獲を示している。

遊漁解禁区域内に限られていると考えられる。よって推定資源量は，ミヤベイワナやサクラマスと異なり，遊漁解禁区域内での資源量を反映していると考えられる。

ミヤベイワナとサクラマスについては調査したすべての年で資源量を推定できたが，ニジマスは 2015 年しか資源量を推定できなかった。しかし，標識放流実験はそもそも標識魚が再捕獲されなければ結果が得られないという性格の調査であり，ある意味ギャンブル的な調査手法である。実際に，標識魚の再捕獲ができずに実験が失敗に終わる研究例も多い。それでも本研究では，ミヤベイワナは 4 年連続で資源量の推定に成功し，もはや奇跡ではないかと思える。

さて，そんな運にも恵まれて，ミヤベイワナとサクラマスは複数年にわたり資源量を推定することができた。また，ニジマスについても 1 年だけであったが，推定資源量が得られた。より望ましい状態で漁場を維持管理していくためには，資源量の増減を経年的に観測し，資源の変化に対して順応していくことが重要である（Hansen et al., 2015）。しかし，毎年標識放流を行い資源量を推定しようとすると，然別湖がいかに条件に恵まれたフィールドであるとはいえ，専属のスタッフが必要になるほどの労力が求められる。さらに，ニジマスの例に見られたように，毎年標識放流を実施したところで，資源量を推定できるとは限らない。そこで，次の節では，資源量の増減をより簡便に把握する方法について考えてみたい。

2.2　遊漁対象種の CPUE の標準化と資源動向の推定

資源の増減を経年的に観測していくことを，資源のモニタリングという。この資源のモニタリングが重要であることはすでに述べたが，資源の増減を把握するためには，必ずしも毎年資源量を推定する必要はないかもしれない。たとえば，一定期間の調査で釣り人 1 人が 1 日に釣る魚の数の平均値と資源量の関係を明らかにしておけば，釣り人の数とその釣獲尾数を把握しておくことで，資源量推定の調査をせずとも，資源の増減と大まかな資源量を把握することができると考えられる。

じつは，このアイデアは水産資源学の世界では古くから知られており，資源の増減を示すCPUEと呼ばれる指標が広く用いられている。CPUEとはCatch Per Unit Effortの頭文字をとったもので，「単位努力量当たり漁獲量」と訳される。たとえば，ある池Aでは3人で釣りをして1日で18尾の魚を，別の池Bでは5人で25尾の魚を釣ったとしよう。この例でいえば，釣りをした人数が努力量（漁獲努力量），釣った魚の総数が漁獲量である。漁獲量そのものは池Bのほうが多いが，釣りをした人数（努力量）も池Bのほうが多い。よって，池Aと池Bの釣れ具合を比較するには，1人当たりの釣った魚の数で比較する必要がある。そうすると，池Aでは6尾/人，池Bでは5尾/人となり，池Aのほうがよく釣れたということになる。このとき，比較するにあたってそろえる単位を単位努力量といい，ここでは「1人1日当たり」というのが単位努力量にあたる。そして，1人1日当たりの釣った魚の数がCPUEである。

上述の例で，池Aのほうが池Bよりも釣れたのは，池Aのほうが魚の数（＝資源量）が多かったためであると考えられる。よって，この場合は，1人1日当たりの釣獲尾数をCPUEとして，資源量の指標とすることができる。水産資源学の世界では，多くの場合においてCPUEは資源量に正比例すると仮定することが多く，実際に数理的な理論からも，CPUEは資源量に比例することを導くことができる。

しかし，少し釣りを経験した人であればとくに，この理論に疑問を抱く人は多いだろう。釣れ具合に影響する要因は資源量だけではなく，たとえば水温や天候，釣り道具の性能なども影響すると考えられる。よって，こうした資源量以外の要因がCPUEに影響を与える可能性が考えられる場合は，どのような要因が，どのように影響するかをあらかじめ調べておき，その影響を補正する必要がある。このような補正を行うことをCPUEの標準化といい，補正後のCPUEを標準化CPUEという。

さらに，CPUEと資源量が比例するという理論は，現実と乖離することがある（Post et al., 2002; Tsuboi and Endo, 2008; Erisman et al., 2011; Ward et al., 2013 a; Dedual and Maheswaran, 2016）。資源量が増えるほどCPUEは増加す

るにしても，増加するペースが頭打ちになったり，逆に加速度的に増加していったりする場合がある。このように，資源量と CPUE が比例関係でないにもかかわらず，理論どおりに CPUE と資源量に比例関係を仮定して資源量を見積もった場合，見積もりを誤ってしまう。そして，もし実際の資源量に対して過大な見積もりをしてしまった場合，資源管理を実施していても資源に過度な圧力を与えてしまうことがある。実際，こうした資源の過大な見積もりが遊漁による資源の崩壊を招いた例が知られている（Post et al., 2002; Erisman et al., 2011）。よって，CPUE を資源量の指標として用いる場合は，資源量と CPUE の関係性について検討しておく必要があるといえる。

本節では，然別湖に同所的に生息し遊漁対象となっているミヤベイワナ，サクラマス，ニジマスの各魚種について，資源量のモニタリングを目的として行った以下の研究について述べる。まず，ミヤベイワナ，サクラマス，ニジマスの各魚種について，遊漁者 1 人 1 日当たりの釣獲尾数を CPUE として，これと各種環境要因（詳細は 2.3.1 項を参照）との関係を調べるとともに，環境要因の影響を補正した標準化 CPUE を求めた。次に，標準化 CPUE と資源量の対応関係から，資源水準の指標としての妥当性について検討した。

2.2.1　CPUE の標準化

然別湖では，遊漁券と一緒に釣果報告票（資源調査票）が配布され，遊漁者はこれに 1 日に釣ったすべての魚の魚種と大きさ，尾数を記入して報告すること（以降，釣果報告という）が遊漁規則で義務付けられている（1.3 節，付録資料表 A.1）。よって，この釣果報告を元に遊漁者 1 人 1 日当たりの釣獲尾数を CPUE として求めることができる。また，然別湖では，ミヤベイワナ，サクラマス，ニジマスともに釣れ具合が天候や水温といった要因に依存することが経験的に知られており（久保, 1968; 田畑, 2013; GFS ウェブサイト），遊漁管理を担う北海道ツーリズム協会では，水温や天候，風の強さといった環境要因を毎日定点観測し，データを蓄積している。そこで，2007 年以降の釣果データおよび環境測定の結果を統計学的に解析し，どの環境要因が，どのように

CPUE を左右するかを明らかにすることで，標準化 CPUE を求めた。環境要因のうち，天候は午前 7 時の時点の「晴れ」「曇り」「雨」の 3 段階で，風速は湖面の状況を参考に「強い」「弱い」「微風」の 3 段階で記録した[*3]。また，悪天候により遊漁エリアが規制された日のデータ，環境要因が観測されなかった日のデータについては，解析に用いなかった。なお，詳しい解析手法については，本節の最後にある〔参考〕を参照されたい。

2.2.2　CPUE の標準化と資源量との関係

ここから，ミヤベイワナ，サクラマス，ニジマスのそれぞれの魚種について，CPUE に影響を与える要因と，その影響を補正した標準化 CPUE の推移について見ていきたい。また，ミヤベイワナとサクラマスについては，標準化 CPUE と資源量との関係についても検討する。

(1) ミヤベイワナ

ミヤベイワナの CPUE に影響を与えていた要因は，ファーストステージでは水温，セカンドステージでは天候であった（図 2.6，図 2.7）。ファーストステージでは，水温が低くなるほど CPUE は高くなっており，セカンドステージでは晴れの日に CPUE は低くなっていた。これらの結果は釣り人の間で知られる経験則と一致している。

ファーストステージでは水温，セカンドステージでは天候の影響を補正して 2007～2017 年の標準化 CPUE を求めた。ファーストステージの標準化 CPUE は 3.6～16.3 尾/人･日の間で推移していた。2012 年から増加傾向を示し，2014 年に最も高い値となったが，その後 2017 年にかけて急速な減少傾向を示し，2017 年は最も低い値となった（図 2.8 a）。

セカンドステージでは，ミヤベイワナの標準化 CPUE の値は 0.83～2.7 尾/人･日の間で推移していた。ファーストステージに比べて低く，変動も小さく，

[*3] 定点観測を行った場所は 2017 年に移っているが，然別湖における水温はどの地点においてもほぼ変化がなかったことから（芳山，未発表），2017 年の観測結果もそのまま用いた。

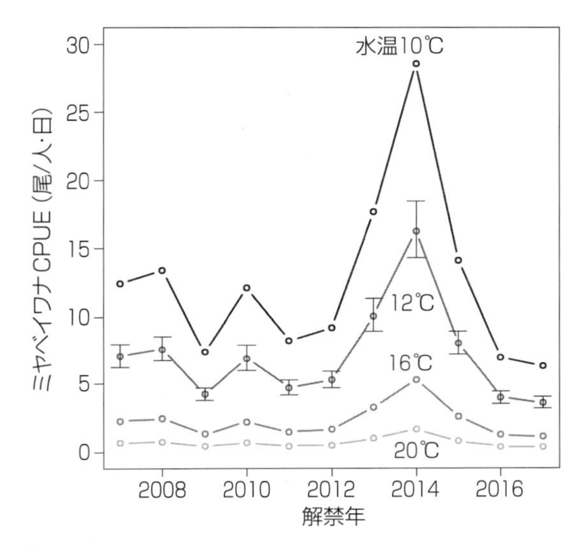

図2.6
水温によるミヤベイワナの1人1日当たりの釣獲尾数（CPUE）の変化（ファーストステージ）。エラーバー（グラフ中の縦線）は標準誤差（統計学的に考えられる誤差の範囲）を示している。水温が低いときほどCPUEは高くなっている。

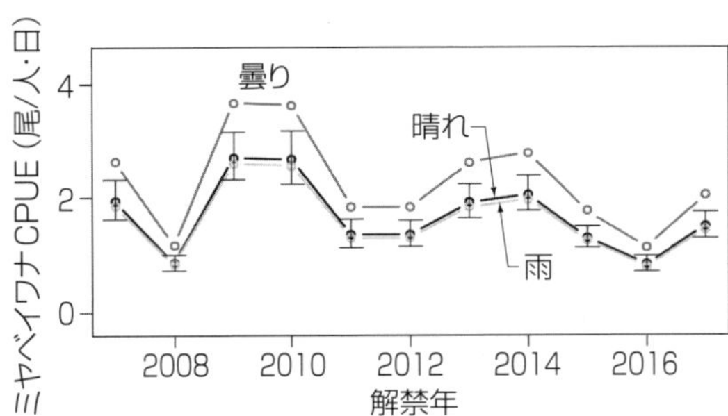

図2.7
天候によるミヤベイワナの1人1日当たりの釣獲尾数（CPUE）の変化（セカンドステージ）。エラーバー（グラフ中の縦線）は標準誤差を示している。曇りの日がCPUEは最も高い。

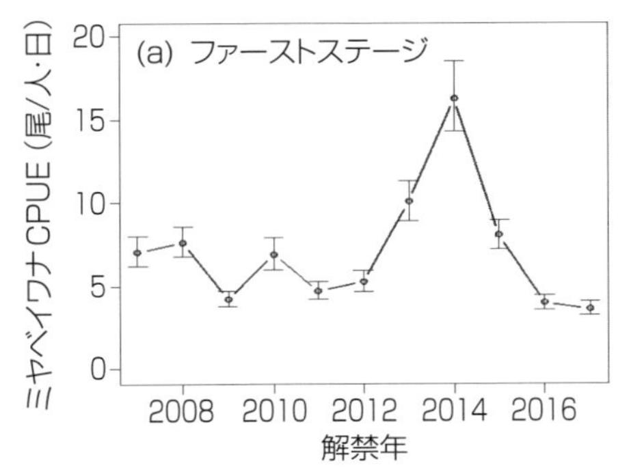

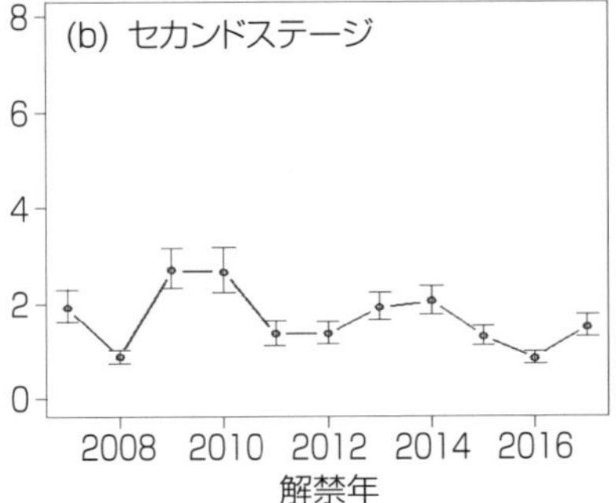

図2.8　ミヤベイワナの標準化CPUE（資源量以外の要因を補正した1人1日当たりの釣獲尾数）の変化。エラーバー（図中の縦線）は標準誤差。

大きな増加傾向や減少傾向は見られなかった（図 2.8 b）。セカンドステージが開催される 9〜10 月はミヤベイワナの繁殖期にあたり，成熟したミヤベイワナは流入河川へ遡上して繁殖に参加している時期である。そのため，遊漁の対象となる資源のうち成熟魚が抜けており，ファーストステージに比べて湖のなかにいる魚の数が少なくなっている。セカンドステージの標準化 CPUE が低いという結果は，これを反映していると考えられる。

さて，標準化 CPUE と実際の資源量との関係は，どのようになっているのだろうか。2014〜2017 年のファーストステージについて，縦軸に標準化 CPUE，横軸に資源量をとってプロットしてみると，資源量が多くなるほど標

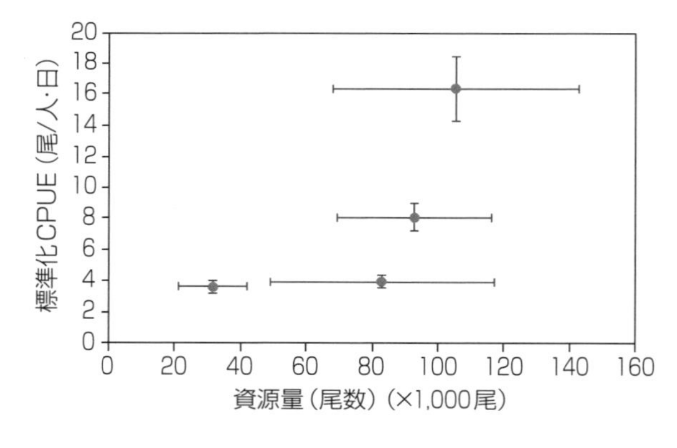

図2.9
ミヤベイワナの標準化CPUEと推定資源量の関係。エラーバー（図中の縦および横の線）は標準誤差を示している。

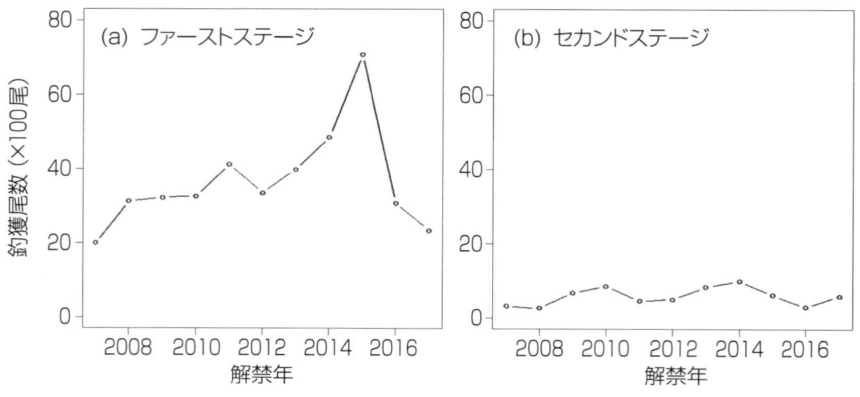

図2.10 現在の管理体制になってから（2007〜2017年）のミヤベイワナの釣獲尾数の推移。

準化 CPUE も高くなっている（図 2.9）。しかし，比例関係ではなく，資源量が多くなるほど標準化 CPUE の値は加速度的に大きくなっているようだ。このような形になる現象は，水産資源学では Hyperdepletion という名前で知られており，資源量（密度）が多くなるほど効率的に釣れる（獲れる）ようになることで起こる（Hillborn and Walters, 1992）。ミヤベイワナの場合，魚群がいる場所と水深をいち早く発見することがより多くの釣果を得るうえで重要であるとされており（西井, 2014），資源量が多くなるほど魚群の発見は容易になると考えられる。したがって，資源量が多くなるほど漁獲効率は高くなると考えられ，Hyperdepletion が起こるメカニズムと一致する。Hyperdepletion では，CPUE が急激に増加しても，資源の急増を示すわけではない点に注意が必要である。

(2) サクラマス

サクラマスの CPUE に影響を与えていた要因は，ファーストステージでは水温と天候（図 2.11），セカンドステージでは水温（図 2.12）であった。ファーストステージでは水温が低いほうが CPUE は高くなっていたが，セカンドステージでは逆に水温が高いほうが CPUE は高くなっていた。また，ファースト

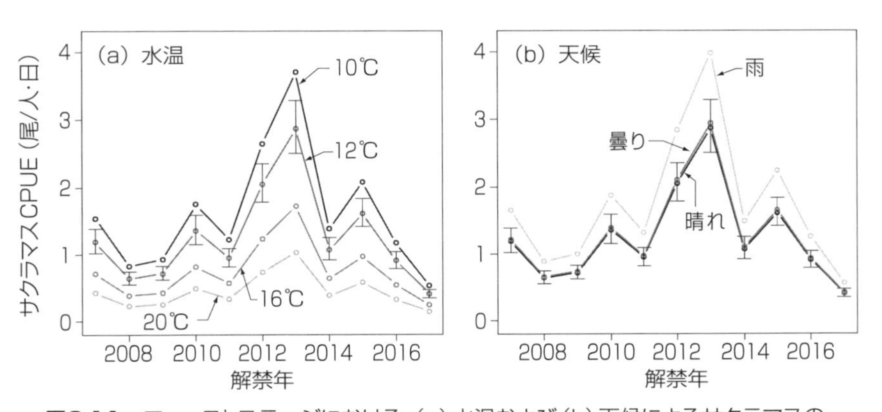

図2.11　ファーストステージにおける，(a) 水温および (b) 天候によるサクラマスの1人1日当たりの釣獲尾数（CPUE）の変化。エラーバー（グラフ中の縦線）は標準誤差を示している。サクラマスはファーストステージの場合，水温が低いときほどCPUEは高く，天候は曇りのときが最もCPUEが高い。

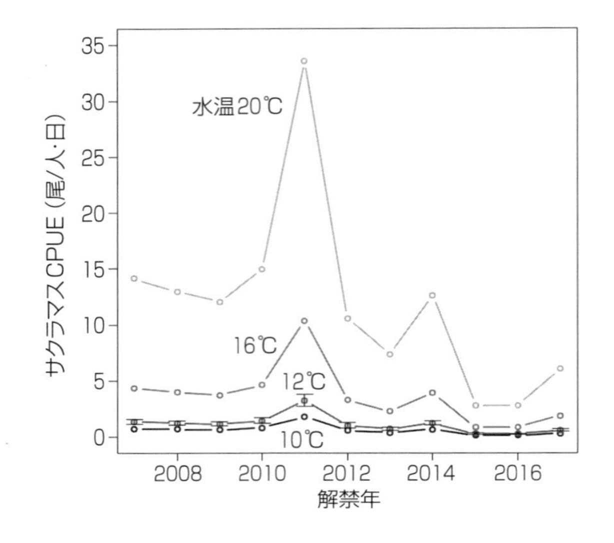

図2.12
セカンドステージにおける，水温によるサクラマスの1人1日当たりの釣獲尾数（CPUE）の変化。エラーバー（グラフ中の縦線）は標準誤差を示している。セカンドステージではファーストステージとは逆に，水温が高いほうがCPUEは高くなっている。

ステージでは雨の日にサクラマスの CPUE は高くなっていた。

ファーストステージでは水温と天候，セカンドステージでは水温の影響を補正して，サクラマスの標準化 CPUE を求めた。ファーストステージの標準化 CPUE は 0.41〜2.9 尾/人·日の間で推移しており，2012 年と 2013 年に極めて高い値を示した後，2014 年に急激に減少し，その後 2017 年には最小の値となっていた（図 2.13 a）。一方，セカンドステージの標準化 CPUE は 0.27〜3.2 尾/人·日の間で推移していた。2007〜2010 年までは 1.3 尾/人·日程度で，2011 年に極端に高い値を示した後，2012 年には 1.0 尾/人·日程度に減少し，2015 年と 2016 年は最も低い水準となっていた（図 2.13 b）。

サクラマスについても，標準化 CPUE と資源量の関係性を検討した。2015〜2017 年の標準化 CPUE と資源量をグラフにプロットすると，資源量が多くなるほど直線的に標準化 CPUE は高くなっていた（図 2.14）。サクラマスでは，CPUE は資源量に比例するという理論どおりの結果であった。

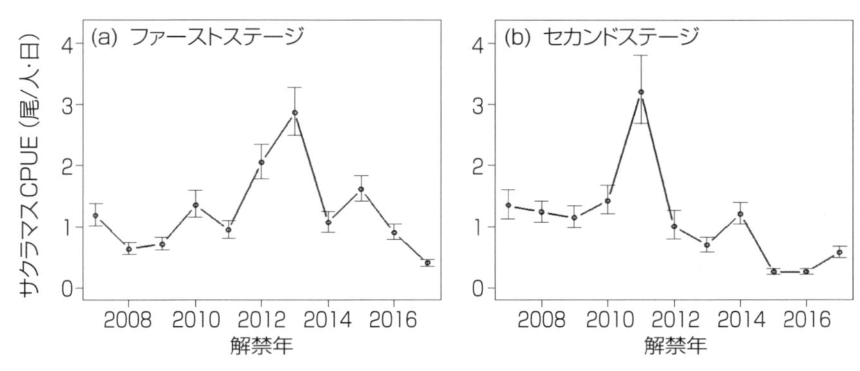

図2.13　サクラマスの標準化CPUE（資源量以外の要因を補正した1人1日当たりの釣獲尾数）の変化。エラーバー（図中の縦線）は標準誤差。

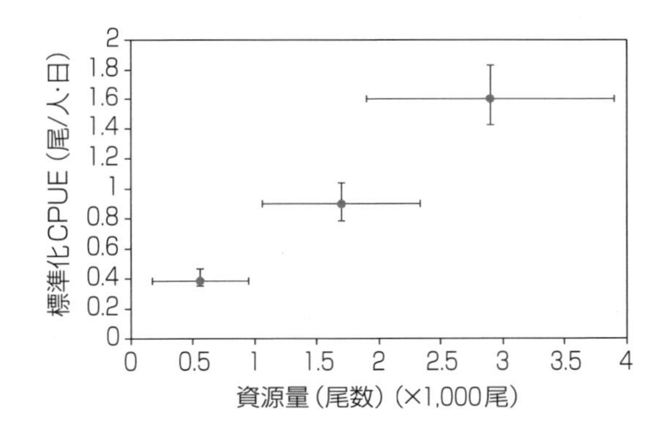

図2.14
サクラマスの標準化CPUEと推定資源量の関係。エラーバー（図中の縦および横の線）は標準誤差を示している。

(3) ニジマス

ニジマスの CPUE に影響を与えていた要因は，ファーストステージでは水温，セカンドステージでは水温と天候であった。ファーストステージでは水温 16 °C 付近で CPUE が最も高くなっており，これより水温が高くても低くても CPUE は低くなっていた（図 2.15）。セカンドステージでは，水温 14 °C 付近で CPUE がピークとなっていた（図 2.16 a）。また，風速が弱いほど CPUE は高くなっていた（図 2.16 b）。水温の影響を補正した標準化 CPUE は 0.21～1.3 尾/人·日の間で推移しており，遊漁対象種のなかで最も変動が大きかった。2014 年までは 0.4 尾/人·日未満で推移していたが，2015 年には 2007 年以降初めて 1.0 尾/人･日を超え（1.2 尾/人･日），その後も 2014 年以前に比べて高い水準を保っていた（図 2.17 a）。セカンドステージの標準化 CPUE は 0.20〜2.8 尾/人･日の間で推移しており，ファーストステージと同様，遊漁対象種のなかで最も変動が大きかった。2015 年までは 1.0 尾/人･日未満で推移したが，2016 年に過去最高を記録し（2.8 尾/人･日），翌 2017 年も 2 番目に高い水準であった（図 2.17 b）。

ニジマスは，資源量の推定に成功したのが 2015 年の 1 年だけだったので，標準化 CPUE と資源量との関係は明らかにできなかった。

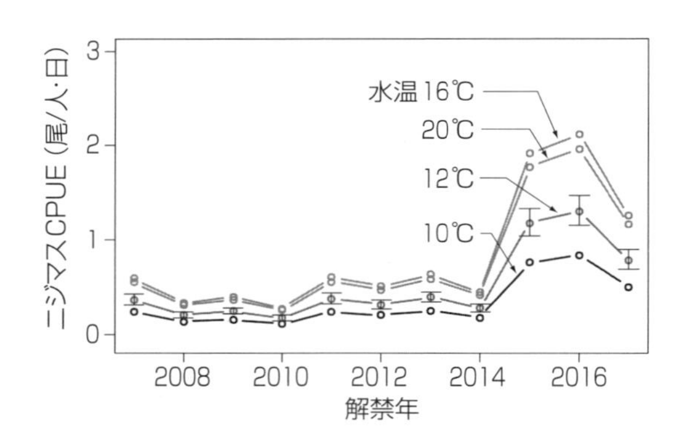

図2.15
ファーストステージにおける，水温によるニジマスの1人1日当たりの釣獲尾数（CPUE）の変化。エラーバー（グラフ中の縦線）は標準誤差を示している。ニジマスは水温16℃までは水温が高いほどCPUEは高くなるが，20℃まで上がると逆にCPUEは低くなる。

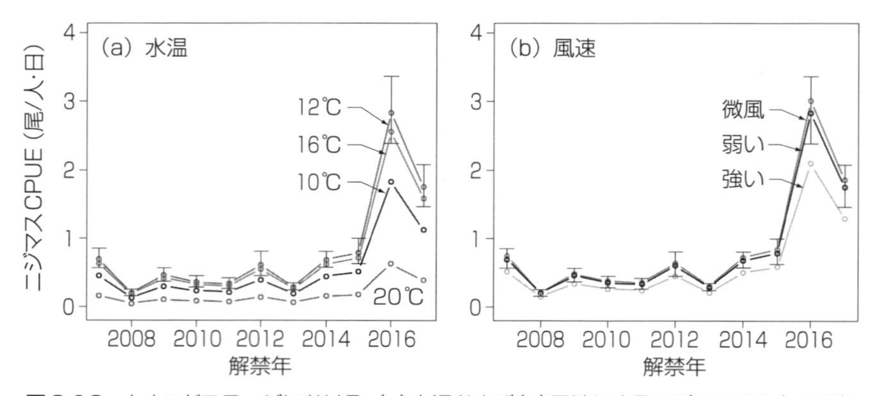

図2.16 セカンドステージにおける，(a)水温および(b)風速によるニジマスの1人1日当たりの釣獲尾数（CPUE）の変化。エラーバー（グラフ中の縦線）は標準誤差を示している。ニジマスは水温14℃までは水温が高いほどCPUEは高くなるが，20℃まで上がると逆にCPUEは低くなる。また，風が強いときはCPUEが低くなっている。

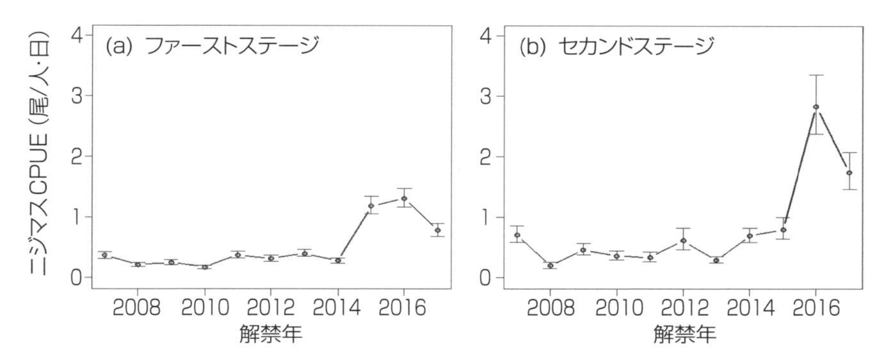

図2.17　ニジマスの標準化CPUE（資源量以外の要因を補正した1人1日当たりの釣獲尾数）の変化。エラーバー（図中の縦線）は標準誤差。

2.2.3　遊漁対象種の資源変動とその要因

ミヤベイワナ，サクラマス，ニジマスの各魚種について，資源量と標準化 CPUE の推移を求めることができた。さらに，ミヤベイワナとサクラマスでは，資源量が多くなるほど標準化 CPUE が高くなっており，その関係性も明らかになったので，2007～2017 年の 11 年間の資源変動が把握できたといえる。また，ニジマスについては本研究では標準化 CPUE と資源量の関係は明らかにできなかったが，他の水域では資源量が多くなるほど CPUE は増加する例が多いので（たとえば，Ward et al., 2013 a），ニジマスの標準化 CPUE も資源量の変動を示しているとみなして差しさわりないと考えられる。そこで，ここからは資源量推定の結果と標準化 CPUE を求めた結果を合わせて，各遊漁対象種の資源量の変動を明らかにするとともに，その要因について検討したい。

(1) ミヤベイワナ

2007 年から 2017 年にかけての標準化 CPUE と，2014 年から 2017 年の推定資源量には，大きな変化が見られた。過去に行われたミヤベイワナ資源調査でも，7 年の間で 2～3 倍程度の資源変動が観察されている（北海道立水産孵化場, 1995～2001）。よって，ミヤベイワナ資源はその量が比較的変動しやすい資源であると考えられる。

2014 年から 2017 年にかけて推定資源量は連続して減少し，2017 年の資源量は 2014 年の 3 割程度にまで減少していた。変動しやすい資源であるとはいえ，然別湖の遊漁はミヤベイワナの保全との両立が大きな課題である以上，この現象について検討する必要があるだろう。

考えられる要因の一つに孵化放流がある。然別湖では漁業権者である鹿追町が主体となり，孵化事業が実施されている（鹿追町, 1994; 1.2 節）。この事業では，流入河川に遡上した親魚を採捕して人工授精を行い，人工環境下で 1 歳まで育てた稚魚を湖に放流している。湖で釣獲の対象となっているミヤベイワナは主に 4〜6 歳魚であるため（Yamamoto et al., 2018），孵化事業による放流尾数は 3〜5 年後の資源量に反映されると考えられる。そこで，2014〜2017 年において，3〜5 年前の孵化放流尾数の合計を求めた結果，毎年約 10 万尾ずつ減少していた（付録資料表 A.2）。2014 年から 2016 年にかけては，毎年約 1 万尾ずつ推定資源量が減少していたが，自然再生産による加入が一定で，孵化放流尾数の 10 % が資源に加入したと仮定すると，当該期間における資源量の減少ペースは孵化放流尾数の減少ペースと一致する。

ただし，2017 年は孵化放流尾数の減少を上回るペースで資源量も減少している。さらに，ミヤベイワナ資源における自然死亡率[*4] は，おおむね 35 % 前後と考えられているが（詳細はこの後の 2.3 節を参照），別の研究では 2016 年 6 月から 2017 年 6 月の間の自然死亡率は 76.3 % と推定されている（芳山，未発表）。このことから，2017 年は遊漁解禁の前に何らかの原因で自然死亡が多かったと考えられる。十勝管内では 2016 年 8 月に台風 10 号が通過し，各地で大規模な自然災害が生じた。然別湖においても，流入河川の洪水や湖岸での土砂崩れが発生し，湖の水は茶色く濁り，水深 1 m の湖底を視認することも困難なほど著しく透明度が低下した。セカンドステージ期間に相当する 9〜10 月における湖の透明度は，通常は 5〜10 m 程度であることから（北海道立水産孵化場, 1973, 1974, 1977, 1978, 1992; 芳山，未発表），こうした濁りはミヤベ

[*4] 寿命や病気，外敵による被食など，人為的でない要因で死亡する割合を自然死亡率という。

イワナの摂餌に支障をきたし，その結果，翌年 6 月までの生残率に影響した可能性がある。また，台風通過時に然別湖の水位が上昇し，普段はせき止められている流出河川の水門が開放されたことから，資源が一部流出した可能性も否定できない。このように，2017 年に見られたミヤベイワナ資源量の急激な減少は，台風による被害が原因かもしれない。

然別湖のミヤベイワナ資源は，かつて遊漁者が釣りすぎて再生産に支障をきたしたために激減した歴史がある。本研究で見られた 2014 年以降のミヤベイワナ資源の減少についても，遊漁による圧力が原因でミヤベイワナ資源の再生産に支障をきたしたことによって生じていたとすると，1 世代前の資源に相当する 2009～2012 年の遊漁者の釣獲が原因となるはずである。しかし，2009 年と 2010 年のファーストステージにおける釣獲尾数はほぼ同数であり，2011 年にはいったん増加したが，その後 2012 年は再び減少している（図 2.10 参照）。この増減傾向は資源量の減少とは異なり，遊漁による圧力では説明できない。さらに，2007 年から 2014 年にかけて標準化 CPUE が増加していることから資源量も増加していたと考えられるが，このときは遊漁者の釣獲尾数も毎年増加しており，さらに孵化放流尾数にも大きな変化はなかった。よって，2014 年以降に見られるミヤベイワナ資源の減少は，遊漁による減耗が主要因ではないと考えられる。ミヤベイワナは遊漁規則でキャッチ＆リリースが義務付けられていることからも，遊漁による減耗は十分に小さいものと考えられる。実際の遊漁による減耗の大きさについては次節で述べる。

(2) サクラマス

サクラマスの資源量は 2015 年以降減少傾向であり，2017 年には 2015 年の 2 割程度にまで減少した。サクラマスは他の遊漁対象種と異なり，一般的にすべての個体が 1 回の産卵で死亡するため，毎年ほぼすべての資源が入れ替わり，寿命も 2～3 年と短い（2.3.1 項を参照)。こうした特徴から，サクラマスでは特定の年級群*5 の個体数や生残の良否により資源量が大きく左右され，変

*5 資源のなかで同じ年に生まれた個体群，いわば「同い年世代」のことを「年級群」という。「コホート」とも呼ばれる。

動が大きくなりやすいという特徴があると考えられる。実際，2007 年以降の標準化 CPUE には大きな変化が見られ，過去 11 年間，然別湖のサクラマス資源は大きな資源変動を繰り返していたと考えられる。また，他の水域における陸封型サクラマスにおいても，同様の大きな変動が見られている（坂本ら，2013）。

(3) ニジマス

ニジマスの標準化 CPUE の変動は，2007〜2017 年においては遊漁対象種のなかで最も変動が大きかった。その一方で，2014 年までの推移に限ると，ファーストステージでの標準化 CPUE の変動は遊漁対象種のなかで最も低く，セカンドステージにおいてもミヤベイワナに次いで低かった。ニジマスの標準化 CPUE は，ファーストステージでは 2015 年，セカンドステージでは 2016 年に極めて高い値を示し，その後も過去最高の水準で推移した。2016 年のセカンドステージは，直前に十勝地方を襲った台風 10 号による被害を受けた直後の解禁となり，流入河川の氾濫や湖岸での土砂崩れの影響で湖水の透明度が著しく低下した。そのため，例年と状況が極めて異なっていたことから，2016 年の標準化 CPUE については資源水準を反映していない可能性がある。一方，2015 年以降のファーストステージは，例年と比べて状況や環境に大きな変化はなく，ニジマスを狙っていた遊漁者のみならずミヤベイワナを狙っていた遊漁者からもニジマスの釣果が数多く報告されていることから，資源水準を反映したものと考えられる。しかし，資源水準が急激に上昇した原因は不明である。

2.2.4　まとめ

本節では遊漁者の釣果報告を活用して標準化 CPUE を求めることで，ミヤベイワナ，サクラマス，ニジマスの各魚種について資源量の変化を知ることができた。ミヤベイワナとサクラマスでは比較的大きな資源水準の変動が見られ，今後もある程度，増減を繰り返すと予想される。また，ニジマスの資源量は 2015 年頃から急激に増加し，その後も高い水準で推移していると考えられた。このような傾向は2015年以前には見られておらず，その原因も不明であることから，今後の動向について注視していく必要がある。また，より正確に資源状況をモニタリングするためには，ニジマスについては標準化CPUEと資源量の関係を明らかにすることが望ましい。

遊漁対象種の資源状況のモニタリングには，本研究のように遊漁者の釣果データに基づく標準化CPUEと標識放流法の両方を用いることが望ましい。しかし，標識放流法は標識魚の放流や再捕獲に多大な労力を必要とする。然別湖では標識魚の再捕獲については遊漁者の釣果報告を活用することでその労力を削減できたが，標識魚の放流に専門的な技術と労力を要する点は依然として変わらない。そのため，通常の遊漁解禁業務として標識放流を実施することは容易ではないと想定される。よって，遊漁対象種の資源モニタリングを行うためには，遊漁者の釣獲データを元に資源水準を把握することが次善の方策といえる。言い換えれば，遊漁者の釣果報告はミヤベイワナをはじめとして各魚種の資源状況を知る上で，極めて重要な情報となっている。遊漁者の標準化CPUEに基づく遊漁対象種の資源モニタリングは現在の管理体制においても持続可能であると考えられ，今後も継続されることが望まれる。

〔参考〕標準化CPUEの求めかた

標準化CPUEを求めるにあたり，1日の釣獲尾数を目的変数，水温，天候，風速および年変動の効果を説明変数，1日の遊漁者数をオフセット項に置き，負の二項分布を仮定した一般化線形モデルを構築した（庄野, 2004）。

$$C \sim Ang\,\{\exp\,(T + T^2 + Wet + Wnd + Yer)\} \tag{2.4}$$

ここで，Cは釣獲尾数，Angは遊漁者数，Tは水温，Wetは天候，Wndは風速，Yerは年変動を表す。なお，水温と釣られやすさの関係については，一部魚種において非線形関係となっている可能性が指摘されているため（GFSウェブサイト），2乗項も説明変数に含めた。年変動の効果Yerが必ず含まれるようにした上で，他の4つの説明変数で可能なすべての組み合わせ（16通り）のモデルにおいて赤池情報量規準AICを比較し，最もAICの値が小さいモデルと，そのモデルとAICの差が2以内であったモデルにおいて選択された説明変数を検討したうえで，AIC が最小となったモデルをベストモデルとして採択した（Burnham and Anderson, 2002）。ベストモデルを用いて，2007〜2017 年における遊漁対象種の CPUE の標準化を行った。CPUE の標準化は，各遊漁対象種について，ファーストステージとセカンドステージに分けて，別々に解析を行った。また，ファーストステージにおける標準化 CPUE を標識放流法で推定した資源量と比較し，資源量と標準化 CPUE の関係を検討した。

2.3　遊漁によるミヤベイワナ資源の減耗の評価

商業漁業による獲りすぎによる水産資源の崩壊はよく知られているが，遊漁も「漁獲行為」であるという点では商業漁業と同じであり，適切な管理が行われなければ資源の崩壊を引き起こしうる（Post et al., 2002, 2003）。よって，遊漁を対象とした資源の管理でも，資源量と，遊漁による減耗を定量的に把握するとともに，資源を維持できる範囲に減耗を抑える必要がある。遊漁の場合は，減耗を抑える方法として遊漁規則による規制がある（中村・飯田, 2009）。そして，魚類資源を持続的に利用するためには，遊漁の影響を低減するための遊漁規則を設け，それが効果的に機能していることを科学的根拠に基づいて評価する必要がある（Cooke et al., 2016）。

然別湖では遊漁による減耗の低減を目的として，遊漁者数の制限（50 人/日）とミヤベイワナのキャッチ&リリースを定めている。キャッチ&リリースとは釣獲した魚を持ち帰らずに再放流することをいう。釣獲された個体が生存して再び資源に加わることや，その後再生産に参加することにより，加入乱獲を防ぐ効果が期待できる。キャッチ&リリース後の死亡率は，魚種や釣りかた，釣獲から再放流までの魚の扱いかたによって異なる（坪井ら, 2002; 土居ら, 2004; Cooke and Suski, 2005; Arlinghaus et al., 2007; Gargan et al., 2015; Brownscombe et al., 2017）。よって，キャッチ&リリースの効果は，魚種や釣りかたによる違いを考慮して，各遊漁ごとに評価する必要があるだろう。さらに，キャッチ&リリースによる資源維持の効果を検証するためには，リリース後の個体レベルでの死亡率のみならず，遊漁全体でのリリース後の死亡尾数を推定した上で，資源の規模と比較する必要がある（Kerns et al., 2012）。よって，キャッチ&リリースされた個体の死亡率，遊漁者の釣獲尾数，そして遊漁対象種の資源量について情報を得る必要がある。このうち，遊漁者の釣獲尾数は釣果報告からすでにわかっており，資源量については標識放流によって明らかになっている。あとはキャッチ&リリースによる死亡率がわかれば，個体群レベルでのキャッチ&リリースの効果と遊漁による減耗を評価できる。

希少魚を対象とした遊漁が保全策として成立する前提条件として，遊漁による圧力を低減するような遊漁規則を定め，その効果を科学的に検証することが挙げられる（Cooke et al., 2016）。そこで本研究では，ミヤベイワナのキャッチ&リリース後の死亡率と，遊漁による減耗尾数を推定し，これを資源量と比較することで，現行の遊漁規則・遊漁管理体制における遊漁によるミヤベイワナ資源への圧力の大きさを評価した。

2.3.1　材料と方法

本研究ではキャッチ&リリースによる死亡を，鈎掛かりによる傷が直接の原因となって起こる死亡と定義した。キャッチ&リリースの死亡は，一般にリリース後の経過時間によって，直後の死亡（< 24 h），短期間での死亡（24〜72 h），および長期間での死亡（> 72 h）に分けられる（Pollock and Pine, 2007）。イワナ属魚類では，キャッチ&リリース後の死亡はほとんどが釣獲の直後に起こるとされていることから（坪井ら, 2002），本研究ではリリース直後の死亡と，短期間での死亡について検討した。リリース直後での死亡尾数を検討するため，2014 年ファーストステージ期間において，調査研究の目的で釣獲したミヤベイワナ 458 個体のうち，リリースする前に死亡した個体を計数した。短期間の死亡率については，生け簀を用いた実験を行った（図 2.18）。然別湖の遊漁規則に従い，返しのないシングルフックを装着したルアーを用いてミヤベイワナを釣獲し，湖水中に設置した生け簀（縦×横×高さ = 52 cm×37 cm×30 cm）のなかに 9〜10 尾を収容し，無給餌で一定期間保持し，死亡個体を計数した。実験に用いたミヤベイワナの大きさは 268 ± 34.4 mm（尾叉長 ± 標準偏差）で

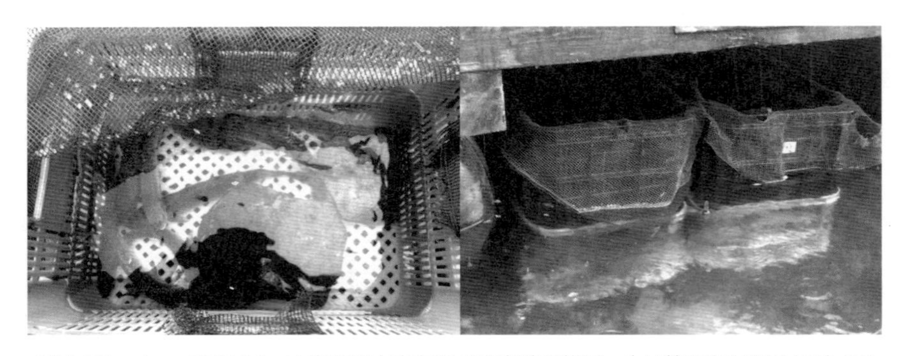

図2.18 キャッチ&リリース後の死亡率を調べる実験の様子。生け簀のなかにミヤベイワナを入れ（写真左），これを水中で一定期間放置したのち（写真右），死亡個体数を計数した。右の写真のなかで，水中に沈んでいる白い（実際には黄色）かごに魚が入っており，上にある黒いかごは蓋として使っている。

あった。実験は合計 5 回行い，生け簀のなかで保持する期間は 24 時間（4 回，39 個体）および 17 日間（1 回，10 個体）とした。なお，鈎掛かり後の損傷が大きかった個体については実験に用いなかった。

また，遊漁による死亡尾数の大きさを定量的に評価するために，ミヤベイワナ資源の自然死亡率を推定した。2015 年ファーストステージでは，2015 年の標識放流魚のみならず，2014 年に標識放流した個体も再捕獲された。そこで，この結果と 2014 年における標識放流尾数，2015 年における推定資源量および遊漁者の釣獲尾数から自然死亡率を算出した。資源量のうち遊漁者に釣られる割合と同じ割合で，2015 年に生残している 2014 年標識放流魚も釣られているとみなすことができる（図 2.19）。このことから，2015 年に生残している 2014 年に標識放流した個体数 $X_{2014f+1}$ は，次の式で表すことができる。

$$X_{2014f+1} = \frac{n_{2015f}}{N_{2015f}} \times x_{2014f+1} \qquad (2.5)$$

ここで，N_{2015f} は 2015 年ファーストステージにおける資源量（尾数），n_{2015f} は 2015 年ファーストステージにおける遊漁者の釣獲尾数，$x_{2014f+1}$ は 2015 年ファーストステージに再捕獲された 2014 年の標識魚の尾数を表している。また，2014 年ファーストステージから 2015 年ファーストステージの間における生残率 $S_{2014\text{-}2015}$ は，1 年間で標識の脱落がないと仮定した場合，次式で表すこ

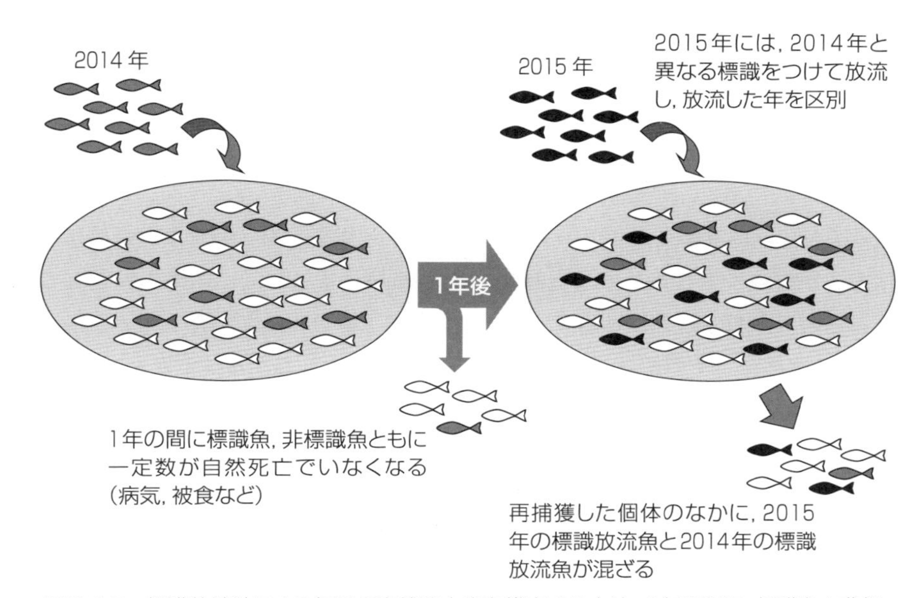

図2.19　標識放流法により年間の自然死亡率を推定する方法。1 年の間に，標識魚と非標識魚ともに一定数が自然死亡でいなくなる。翌年（2015年），2014年とは異なる標識をつけた魚を放流して再捕獲する。すると，2015 年に標識放流した個体の他に，2014 年に標識放流した個体も再捕獲される。このとき，次の手順により自然死亡率を推定できる。①2015 年標識放流魚の再捕獲尾数から2015 年の資源尾数 N_{2015f} を推定する。②資源のうち遊漁者が釣る魚の数の割合と同じ割合で前年の標識放流魚が再捕獲されると考えられることから，2015 年の資源尾数 N_{2015f}，同年の遊漁者の釣獲尾数 n_{2015f} および 2015 年に再捕獲された 2014 年標識放流魚の数 $x_{2014f+1}$ を基に，2015 年に生存している 2014 年標識魚の数 $X_{2014f+1}$ を推定する（式2.5）。③2014 年の標識放流尾数 X_{2014f} のうち翌年まで生存していた個体数 $X_{2014f+1}$ を求めることで，自然死亡率が求まる（式2.6）。

とができる。

$$S_{2014\text{-}2015} = \frac{X_{2014f+1}}{X_{2014f}} \tag{2.6}$$

ここで，X_{2014f} は 2014 年における標識放流魚の尾数である。また，標識放流の結果から推定された生残率および自然死亡係数の数値の妥当性を検討する目的で，まったく別の方法（Tanaka（1960）の経験式を用いる方法，以降「経験式」と表記）により別途生残率 $S'_{2014\text{-}2015}$ を推定し[*6]，標識放流での結果と比較した。この方法に基づく自然死亡率の推定は，次の式で表すことができる。

$$S'_{2014\text{-}2015} = \exp\left(-\frac{2.5}{t_{\max}}\right) \tag{2.7}$$

ここで，$t_{\max}$ は寿命を表している。ミヤベイワナ資源の場合，成魚の自然死亡は主に繁殖後に生じると考えられており（Maekawa, 1985），産卵に参加していると考えられる成熟個体群では 4〜6 歳魚が主群を占めていた（山本，未発表）。ミヤベイワナが孵化後に浮上する時期は 3〜5 月であることから（前川，1998），本研究ではミヤベイワナの寿命は 6.5 歳であると仮定した。

2.3.2　結果 1：キャッチ＆リリースの死亡率の推定

2014 年に調査のために釣獲された 458 個体のミヤベイワナのうち，8 尾が釣獲された直後（おおむね 1〜2 時間以内）に死亡した。一方，釣獲後に生け簀で保持した個体については，24 時間後および 17 日間後のいずれも死亡個体は見られなかった（表 2.4）。以上の結果から，ミヤベイワナのキャッチ＆リリース後の死亡は釣獲後 2 時間以内に起こり，その死亡率は 1.7 % と推定された（95 % 信頼区間 0.8〜3.4 %）。また，2014 年ファーストステージでの遊漁者の釣獲尾数は 4865 尾であったことから，遊漁による死亡尾数は 85 尾（95 % 信頼区間 39〜165 尾）であり，資源量の 0.1 % 未満と推定された。

表 2.4　キャッチ&リリース後の生残実験における実験個体数とそのうちの死亡個体数

実験回数 実験時間	1 回目 24 時間	2 回目 24 時間	3 回目 24 時間	4 回目 24 時間	5 回目 17 日間
実験個体数	10	9	10	10	10
うち死亡個体数	0	0	0	0	0

[*6] Tanaka（1960）の経験式は，本来は自然死亡係数を推定するための式である。自然死亡係数は多くの場合 M と表記され，自然死亡係数 M と自然死亡率 S は次のような関係にある。

$$M = -\log(S)$$
$$S = \exp(-M)$$

水産資源学において資源量を解析する場合は，自然死亡係数を用いることのほうが多い。

2.3.3　結果 2：生残率と自然死亡係数の推定

表2.5　2015年ファーストステージにおける標識放流魚の再捕獲尾数

解禁年	2014	2015
2014年標識放流魚	310	196注)
2015年標識放流魚	−	450
釣獲尾数の合計	4,865	7,092

注）2015年における2014年標識放流魚の尾数は推定値

2015 年ファーストステージにおいて，2015 年の標識放流魚は 17 尾，2014 年の標識放流魚は 15 尾が再捕獲された。2015 年における遊漁者のミヤベイワナ釣獲尾数は 7092 尾，推定資源量は 9 万 2800 尾であったことから（2.1.3 項），2015 年ファーストステージの時点で生残していた 2014 年の標識放流尾数は 196 尾と推定された（表 2.5）。2014 年に標識放流したミヤベイワナは 310 尾であったことから（2.1.3 項，表 2.5），2014 年ファーストステージから 2015 年ファーストステージにおける生残率 $S_{2014\text{-}2015}$ は 63.3 % と推定された*[7]。また，経験式に基づいて自然死亡率を推定した結果，$S'_{2014\text{-}2015}$ は 68.1 % となった*[8]。標識放流で推定された生残率と経験式で推定された生残率について，統計学的手法（二項検定）により違いを検討したが，統計学的な差（有意差）は認められなかった（$p = 0.068$）。このことから，両者の方法で推定した自然死亡率は乖離しているとはいい難く，得られた推定値は妥当なものであると考えられる。

2.3.4　結果についての考察

本研究では，現行の遊漁規則でのキャッチ&リリースによる死亡個体数と資源に対する大きさを，定量的に評価した。キャッチ&リリースによる資源の減耗は 0.1 % 以下であり，これは年間の自然死亡の割合（36.7 %）を大幅に下回っていた。よって，キャッチ&リリースはミヤベイワナ資源を維持するうえで有効に機能していると考えられる。実際，2007〜2014 年の間，遊漁者のミヤベイワナ釣獲尾数は増加していたにもかかわらず，その資源水準も増加傾向にあった（2.2.3 項; Yoshiyama et al., 2017）。

*[7] このときの自然死亡係数は 0.45 であった。

*[8] このときの自然死亡係数は 0.38 であった。

先行研究でオショロコマ *S. malma* を対象にキャッチ＆リリース後の死亡率を調べた結果では，リリース後の死亡率は 1.7％ と推定されており（DeCicco, 1994），本研究での結果（1.8％）と極めて近い。また，河川に生息するイワナ *S. leucomaenis* においても，キャッチ＆リリースによる資源維持効果が認められている（山本ら, 2001; 坪井ら, 2002; Tsuboi and Morita, 2004; Tsuboi et al., 2013）。キャッチ＆リリース後の死亡率は魚種によって異なる可能性が示唆されているが（Taylor and White, 1992），ミヤベイワナを含めたイワナ属魚類では，釣獲後にリリースされた個体の死亡率が極めて低いことから，キャッチ＆リリースは遊漁による減耗の低減策として有効であると考えられる。

また，本研究においてキャッチ＆リリース後の死亡率が低かった要因として，漁具の制限が挙げられる（Cooke and Suski, 2005; Arlinghaus et al., 2007）。然別湖では遊漁規則で，返しのないシングルフックを使ったルアーフィッシングあるいはフライフィッシングのみが許可されている。キャッチ＆リリース後の死亡率は返しのない鈎を用いたほうが低く，さらに餌釣りに比べてルアー/フライを用いたほうが一般的に死亡率は低いことが知られている（Taylor and White, 1992; Cooke and Phillip, 2001; Cooke and Suski, 2005）。然別湖では 2006 年に現行の管理体制に移行する際，漁法をルアーフィッシングとフライフィッシングに限定する遊漁規則が設けられた（1.3.3 項）。その背景として，ミヤベイワナを餌釣りで釣獲した場合は鈎を口腔の奥まで飲み込まれてしまうことが多く，リリース後の生残率が低くなるという懸念があった（佐々木, 2006）。イワナとヤマメ *O. masou* を用いた実験では，餌釣りで食道に掛かった鈎を外してリリースした場合の死亡率は 30～66％ であったが，フライを用いて釣獲した場合は食道に鈎掛かりすることは稀であり，鈎を外してリリースした後の死亡率は 10％ 以下であった（土居ら, 2004）。ミヤベイワナをルアーあるいはフライで釣獲した際，口腔の奥に鈎掛かりすることはほとんどなかったため（芳山，未発表），漁具の規制はキャッチ＆リリースの効果をより高めているといえる。

以上の結果から，ミヤベイワナを対象としたキャッチ＆リリースは遊漁の圧力を低減するうえで有効であると評価できた。遊漁が希少魚の保全策となりうる前提条件として，遊漁の影響を抑えるための遊漁規則を定めること，その規則の有効性が科学的に評価されること，遊漁者による釣獲尾数や遊漁者数がモニタリングされていることが挙げられる（Cooke et al., 2016）。然別湖の遊漁の場合は，本研究によって遊漁者数の制限とキャッチ＆リリースといった遊漁規則の有効性が認められ，なおかつ釣獲尾数と遊漁者数が把握されている。よって，然別湖における現行の管理体制における遊漁は，希少魚の保全策となるための前提条件を満たしているといえるだろう。

2.4　ミヤベイワナ，サクラマス，ニジマスの釣られやすさの違い

然別湖ではミヤベイワナのみならず，サクラマスとニジマスも一緒に遊漁の対象となっている。よって，然別湖は，一つの遊漁管理の枠組みのなかで，複数の魚種を同時に管理しなければならない状況にある。さらに，ミヤベイワナは然別湖の固有種である一方，サクラマスとニジマスは移入種である（前川，1977; Koizumi et al., 2005）。然別湖における魚類資源管理ではミヤベイワナ資源の維持が最優先課題であり，サクラマスとニジマスの存在はミヤベイワナ個体群の存続に対する悪影響が懸念されている（たとえば，鹿追町役場, 1994; Koizumi et al., 2005）。しかし，サクラマスやニジマスに対する遊漁者のニーズも存在し，これらの魚種が遊漁管理の運営に一定の寄与をしているという側面もある（詳細は第 3 章を参照）。このような背景から，然別湖における遊漁管理では，ミヤベイワナとサクラマス，ニジマスでそれぞれ異なった管理目標を設定する必要がある。たとえば，遊漁による漁獲圧は，ミヤベイワナよりもサクラマス，ニジマスのほうが大きくなることが望ましいだろう。

日本国内の他の水域においても，同一の水域における同一の遊漁において複数魚種が対象となっているところは珍しくない（Yuma et al., 1998）。そして，イワナやヤマメ，ニジマスといった遊漁対象種の間では釣られやすさが異なり，さらに釣獲方法によってその関係が異なることが知られている（坪井・森田, 2004; Tsuboi and Endo, 2008; 坪井ら, 2015）。同一水域において複数魚種が

同時に遊漁対象となっている場合，魚種間の釣られやすさの違いは，管理方策を定めるうえで重要な知見となるだろう。そこで，本研究ではミヤベイワナとサクラマス，ニジマスについて，各魚種間での釣られやすさの違い，およびルアーフィッシングとフライフィッシングでの釣られやすさの違いについて比較した。

2.4.1 理論

本研究の目的は，「釣られやすさ」を定量的に評価して比較することである。そこで，まずは「釣られやすさ」を定義するところから始めたい。「釣られやすい」魚種では，資源のうちのより多くの割合が釣られると考えられる。よって，資源の密度を求め，このうちの釣られた魚の割合を求めることで，釣られやすさを比較することができると考えられる。2.2 節に CPUE という概念が出てきたが，本研究ではこれを 1 人 1 日当たりの釣獲尾数とした。この CPUE と資源密度との関係は，水産資源学では次式で表される。

$$\mathrm{CPUE} = q \times D \tag{2.8}$$

ここで，D は資源密度であり，q は漁獲効率というパラメータである。この関係式は，水産資源学の理論で数理的な解析によって導くことができる。ここで「漁獲効率 q」という聞き慣れない単語が出てきたが，これは「一定の面積の水域にいる魚（＝資源密度）のうち 1 人の釣り人が 1 日で釣る魚の数の割合」という意味である。そして，釣られやすい魚，あるいは釣りやすい釣りかたでは，この q の値が大きくなる。このような理論から，漁獲効率が魚種と釣りかた以外によって左右されていなければ，漁獲効率をもって釣られやすさとみなすことができる。

然別湖では遊漁規則において，さまざまな細かい制限が設けられている（1.3.3 項参照）。遊漁ができる時間は 6:00〜15:00（ファーストステージ）に限られており，ほとんどの遊漁者はこの時間帯のほぼすべてを費やして遊漁を行っている。また，釣りかたはルアーフィッシングとフライフィッシングに限定され，使用できる竿の本数は 1 人 1 本まで，使用できる鈎は 1 本の竿につきもどし（かえし）のない J 字型の鈎（シングルバーブレスフック）1 本までに制限されている。さらに，動力船の使用は禁止されており，すべての遊漁者は手漕ぎボートあるいは岸から遊漁を行っている。このように細かい遊漁規則が定められているため，然別湖の遊漁者は狙う遊漁対象種によって使用する糸やルアー/フライを使い分けているものの，特定の対象魚種を狙うための特殊な道具を使用することはなく，いずれの遊漁対象種を狙う場合でも，釣り竿 1 本につき 1 つの疑似餌（ルアー/フライ）という同じ構成の道具が使用されており，釣りかた（ルアーフィッシング/フライフィッシング）に基づく違い以外，漁具はほぼ標準化されている。よって，然別湖の場合，遊漁対象種の間における漁獲効率の違いは，魚種間の釣られやすさの違いに起因していると考えられる。このような背景から，然別湖の場合は，漁獲効率の違いが釣られやすさを反映していると考えられる。そこで，本研究では然別湖における魚種あるいは釣りかたによる釣られやすさを明らかにするために，ミヤベイワナ，サクラマス，ニジマスの各魚種について，資源密度と，魚種別・釣りかた別に CPUE を求めて漁獲効率を算出し，これを比較した。

2.4.2　調査方法

魚種別・釣りかた別の漁獲効率を求めるには，各魚種の資源量および資源密度の他，釣りかた別の 1 人 1 日当たりの釣獲尾数を求める必要がある。そこで，まずはこれらの求めかたから説明していきたい。

資源量については 2015 年の特別解禁ファーストステージにおいて，すべての魚種について求めることができたので，これから資源密度を算出した。標識放流による資源量の推定については 2.1 節を参照されたい。資源密度は，1 ha 当たりの平均生息尾数として算出した。ミヤベイワナとサクラマスでは，標識魚は湖全体を移動していたため，資源量は湖全体のものを反映していると仮定して資源密度を算定した（2.1.3 項）。ニジマスでは標識魚の移動分散は岸沿いの限られた範囲であったが（2.1.3 項），遊漁者はニジマス狙いであっても遊漁解禁水域のなかを広く移動することもある。よって，ニジマスの資源密度は遊漁解禁水域の資源量を反映しているものとして算定した。

次に，釣りかた別の遊漁者1人1日当たりの釣獲尾数を求める必要があるが，遊漁者が提出する釣果報告では釣りかた別の釣獲尾数までは求めることができない。そこで，2015年ファーストステージに聞き取りアンケート調査を実施してデータを取得した（アンケート調査の概要については3.1節を参照）。アンケート調査では，釣りかた，各魚種の釣獲尾数，いちばんの狙いの魚種について聞き取った。

必要なデータが出そろったところで，魚種別の資源密度，および魚種別・釣りかた別の遊漁者1人1日当たりの釣獲尾数を集計した。そして，漁獲効率について統計学的な解析を行うことで，魚種や釣りかたによる漁獲効率の違いを検討した。

〔参考〕統計解析について

各魚種および釣りかたによる漁獲効率の違いは，対数線形モデルを用いて比較検討を行った。CPUE（1人1日当たりの釣獲尾数）が資源密度 D と漁獲効率 q の積で表されるとき（式2.8），漁獲効率 q は式(2.9)で表すことができる。

$$\mathrm{CPUE} = \frac{C}{X} = qD \tag{2.9}$$

$$q = \frac{C}{X \cdot D} \tag{2.10}$$

ここで，C は釣獲尾数，X は延べ遊漁者数，q は漁獲効率（ha/人），D は資源密度（尾/ha）を表す。そこで，釣獲尾数を目的変数，魚種と釣りかたを説明変数，遊漁者数と資源密度をオフセット項に置いた対数線形モデルを構築し，尤度比検定により魚種と釣りかたによる漁獲効率 q の違いを比較検討した。

2.4.3　結果と考察

2015年ファーストステージ期間における資源量は，ミヤベイワナ9万2800尾，サクラマス2680尾，ニジマス1620尾であった。また，然別湖全域の面積は360.4 haであり，遊漁解禁水域の面積は195.8 haであることから，遊漁対象

表2.6　ミヤベイワナ，サクラマス，ニジマスの資源量，資源密度，釣りかた別の釣獲尾数と遊漁者数およびCPUE

魚種	資源量（尾数）	資源密度注）（尾/ha）	釣りかた	釣獲尾数	遊漁者数	CPUE（尾/人・日）
ミヤベイワナ	92,800	257.5	ルアー	1,592	122	13.1
			フライ	285	50	5.7
サクラマス	2,910	8.1	ルアー	162	122	1.3
			フライ	117	50	2.3
ニジマス	1,620	8.3	ルアー	63	122	0.5
			フライ	201	50	4.0

注）標識放流の結果から，ミヤベイワナとサクラマスは湖全体（360 ha）の密度，ニジマスは遊漁解禁水域（196 ha）の密度を算出している。

種の資源密度は，ミヤベイワナ 257.5 尾/ha，サクラマス 7.5 尾/ha，ニジマス 8.3 尾/ha となった（表 2.6）。

また，アンケート調査では 2015 年ファーストステージに然別湖を訪れた 764 人のうち 200 人から回答を得た。ルアーフィッシングのみ行った遊漁者は 122 人，フライフィッシングのみ行った遊漁者は 50 人，両方を行った遊漁者が 28 人いた（表 2.6）。両方の釣りかたを行った遊漁者は，それぞれの釣りかたで釣りをした時間配分までは明らかにできなかったため，解析の対象外として，172 名の回答結果を解析に供した。

魚種別の総釣獲尾数は，ルアーフィッシングの遊漁者では，ミヤベイワナ 1592 尾，サクラマス 162 尾，ニジマス 63 尾であった。一方，フライフィッシングの遊漁者では，ミヤベイワナ 285 尾，サクラマス 117 尾，ニジマス 201 尾であった。魚種別および釣りかた別の CPUE は，ルアーフィッシングの遊漁者では，ミヤベイワナは 13.1 尾/人･日，サクラマス 1.3 尾/人･日，ニジマス 0.5 尾/人･日であった。フライフィッシングの遊漁者の CPUE は，ミヤベイワナ 5.7 尾/人･日，サクラマス 2.3 尾/人･日，ニジマス 4.0 尾/人･日であった（表 2.6）。

ルアーフィッシングの遊漁者ではミヤベイワナをいちばんの狙いとしていた遊漁者が多く，全体の 74 % を占めていた。ニジマス狙いの遊漁者は 2 番目に多かった（18 %）。一方，フライフィッシングの遊漁者ではニジマス狙いの遊漁者が全体の 49％ で最も多く，ミヤベイワナ狙いの遊漁者は 48％ であった（図 2.20）。

統計解析の結果，漁獲効率は魚種と釣りかたの両方で違いが見られた（尤度比検定，すべて $p < 0.001$）。ルアーフィッシングの遊漁者での各魚種の漁獲効率は，ミヤベイワナ 0.05（ha/人），サクラマス 0.18（ha/人），ニジマス 0.06（ha/人）であった。一方，フライフィッシングの遊漁者の漁獲効率は，ミヤベイワナ 0.02（ha/人），サクラマス 0.31（ha/人），ニジマス 0.49（ha/人）であった。ルアーフィッシングの遊漁者の漁獲効率はサクラマス，ニジマス，ミヤベイワナの順に，フライフィッシングの遊漁者ではニジマス，サクラマス，ミヤ

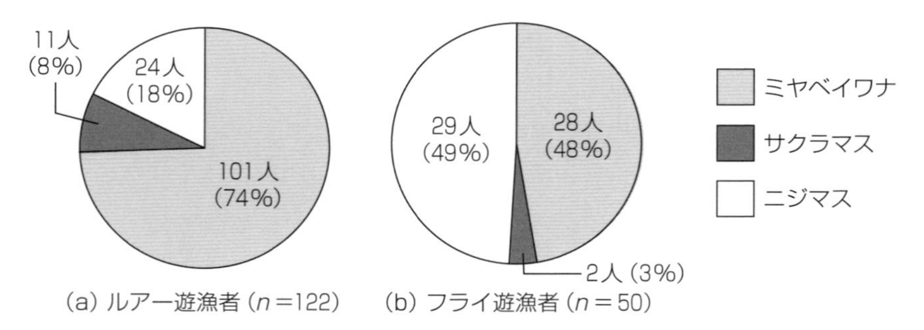

図2.20　いちばんの狙いの魚種別の遊漁者数。複数の魚種をいちばんの目的に挙げた遊漁者がいたため，各要素の人数の合計は聞き取り人数と一致しない。

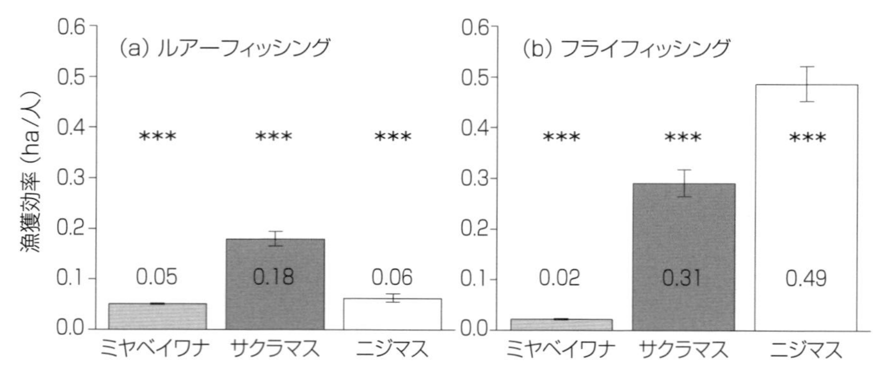

図2.21　各魚種の釣られやすさ（漁獲効率）の違い。図中の数値は漁獲効率（ha/人）を表し，アスタリスクは統計学的な差（有意差）が認められたものを示している（***：$p<0.001$）。

ベイワナの順に漁獲効率は高かった（図 2.21）。

以上の結果から，ミヤベイワナ，サクラマス，ニジマスの釣られやすさはそれぞれの魚種で異なり，さらに釣りかたによっても異なることが明らかになった。この理由について，各魚種の生態や調査で得られた結果を踏まえて考えていきたい。

(1) ミヤベイワナ

ミヤベイワナの漁獲効率は，ルアーフィッシングとフライフィッシングの遊漁者ともに遊漁対象種のなかで最も低かった。湖沼型のミヤベイワナは湖を広く回遊し，表層から水深 20 m 程度までの間で水温躍層[*9] 付近に群れをなしている（久保, 1968; 前川, 1989）。そのため，ミヤベイワナをより多く釣獲しようとする場合，ボートを利用して群れがいる場所と水深を探し出す必要がある（田畑, 2013）。しかし，岸から離れると地点目標が見当たらないことから，ミヤベイワナの群れがいる場所を探し当てるには熟練を要する。さらに，然別湖では遊漁規則で錨を使用することが禁止されているため（付録資料表 A.1），ある程度風が吹いている場合はボートが流されてしまい，魚群を発見した位置に定位し続けることが難しいので，漁獲効率が低くなったと考えられる。また，フライフィッシングはルアーフィッシングに比べて仕掛けの投入に時間がかかり，仕掛けが着水した後も沈下速度が遅いことから，魚群のいる水深に仕掛けが到達するまでに要する時間が長く，その結果，漁獲効率が低くなったと考えられる。

(2) ニジマス

ニジマスはフライフィッシングの遊漁者では最も漁獲効率が高い魚種であり，魚種と釣りかたのすべての組み合わせのなかでも最も高い漁獲効率であった。フライフィッシングの遊漁者では，半数近くの遊漁者がニジマスを狙って

[*9] 水面から湖底にかけて垂直方向に水深を区切って（たとえば 1 m ごとに）水温を測っていくと，ある水深で急激に水温が低下する。この水深のことを水温躍層という。水温躍層が生じる水深は季節によって異なる。

いた。また，ニジマスは他の魚種に比べて湖内を広く回遊せず，生息範囲も湖岸沿いであることから，遊漁者はニジマスのいる場所を発見しやすかったと考えられる。さらに，然別湖のニジマスは，湖岸沿いで落下した昆虫や水生昆虫を主に捕食しており（北海道立水産孵化場, 1978），フライフィッシングでは昆虫を模した擬餌鈎を用いることが多いため，然別湖におけるニジマスの摂餌生態に合わせやすかったと考えられる。よって，ニジマスでは，フライフィッシングで専門的に狙う遊漁者が多く，摂餌生態に合った釣りかたであり，なおかつ魚のいる場所を発見しやすいことから，フライフィッシングでの漁獲効率が高くなったと考えられた。

(3) サクラマス

サクラマスの漁獲効率は，ルアーフィッシングの遊漁者では 0.18（ha/人），フライフィッシングの遊漁者では 0.31（ha/人）であり，ルアーフィッシングの遊漁者では最も漁獲効率の高い魚種であった。サクラマスをいちばんの対象としていた遊漁者は，ルアーフィッシングでは 8％，フライフィッシングでは 3％ であった。そのため，サクラマスの多くは，ミヤベイワナあるいはニジマスを狙っているときに，混ざって釣られていると考えられる。湖沼陸封型のサクラマスは，主にワカサギ *Hypomesus nipponensis* などの小魚を捕食している（長内, 1962）。ルアーフィッシングで用いる疑似餌は主に小魚を模したものであり，サクラマスの摂餌生態に適合していると考えられる。また，湖沼に陸封されたサクラマスの適水温は 15 °C 前後と考えられているが（長内, 1962），然別湖ではファーストステージの 6～7 月には通常 5 m 以浅でなければ水温は 15 °C 前後以上にならない（北海道立水産孵化場, 1972～1994）。そのため，然別湖ではサクラマスは比較的浅い水深に生息すると考えられる。さらに，サクラマスはミヤベイワナと同様に湖の広い範囲を回遊していると考えられることから（2.1.3 項），ルアーフィッシングの遊漁者がミヤベイワナを狙った場合でも，ルアーを浅い水深まで引き上げてきたときにサクラマスが掛かる機会があると考えられる。また，フライフィッシングはルアーフィッシングに比べて仕掛けの沈下速度が遅いため，魚種を問わず比較的浅い水深を狙うことになる。

その結果，とくに水中の小動物を模したフライを用いた場合にサクラマスが鈎掛かりする機会が多いと考えられる。したがって，サクラマスでは，ルアーフィッシングの漁獲効率は摂餌生態に適合していたために遊漁対象種のなかで最も高くなったが，値そのものはフライフィッシングのほうが鈎掛かりする機会がより長い時間であるために高くなったと考えられる。

本研究で遊漁対象種間の釣られやすさ（漁獲効率）を推定するにあたり，ミヤベイワナとサクラマスの資源量は湖全体を，ニジマスの資源量は遊漁解禁水域のものを反映していると仮定した。仮にニジマスの資源量が湖の全水域を反映していたと仮定して生息密度を算出し，これを元に漁獲効率を推定した場合，漁獲効率は 1.8 倍になる。よって，ニジマスの資源量が反映する水域面積が遊漁解禁水域よりも広かったとしても，魚種と釣りかたによる漁獲効率の順位は変わらない。なお，2016 年より遊漁解禁水域外に岸釣り限定解禁区域が設定されたが（図 1.1），遊漁解禁水域内で標識放流されたミヤベイワナとサクラマスの標識魚は岸釣り限定解禁区域で再捕獲されており，さらにミヤベイワナは岸釣り限定解禁区域で標識放流した個体が遊漁解禁水域で再捕獲されている。一方，ニジマスはミヤベイワナとサクラマスに比べて漁獲効率が高いにもかかわらず，水域をまたいだ標識魚の再捕獲は見られていない。こうした事実からも，ニジマスの分布移動範囲は他の 2 魚種よりも狭く，資源量が反映する範囲も狭いと考えられる。

以上の結果から，ミヤベイワナ，サクラマス，ニジマスで釣られやすさは異なり，さらに釣りかたによっても各魚種の釣られやすさは異なると結論付けられた。その原因は，各魚種の捕食行動や回遊といった生態的特徴と，釣りかたの特性がかかわり合っていたためであると考えられた。現在の資源水準では，ミヤベイワナはサクラマスとニジマスに比べて釣られにくいことから，ミヤベイワナに比べてサクラマス，ニジマスのほうが遊漁による圧力は大きくなりやすいと考えられる。また，ミヤベイワナのみキャッチ＆リリースが義務付けられていることから，現行の遊漁規則は複数の魚種が同時に対象となっていながらも，ミヤベイワナの保全が図られているといえるだろう。

第３章

然別湖における遊漁者のモニタリング
—釣り人の生態の解明

遊漁，釣りは，そもそも釣る魚が存在しなければ成立しない。第 2 章ではミヤベイワナをはじめとした魚類資源について研究を行い，資源量や，遊漁による圧力について明らかにした。しかし，魚類資源が存在したとしても，その魚を釣る人，つまり釣り人，遊漁者がいなければ，やはり遊漁は成立しない。さらに，遊漁を対象とした資源管理では，遊漁者が支払う遊漁料がその運営・経営を大きく左右することから，限られた資源のなかで遊漁者の満足度を高める工夫が必要である（詳細は 1.2 節を参照）。よって，遊漁管理では魚類資源だけでなく，遊漁者そのものも重要な要素であるといえる。そこで，本章では，釣り人（遊漁者）を対象に行った研究について述べる。

3.1　然別湖に来た釣り人の志向と動向

遊漁者は原則として，水産生物の採捕が禁止されている水域でなければ，どこでも自由に釣りに行くことができる。遊漁者のなかには，より満足度の高い釣りを求めて，居住する地域の近隣に限らず，遠くまで釣りに行く者も少なからず存在する（Ditton et al., 2002; Hunt et al., 2007; Ward et al., 2013 b）。一方，漁場管理を行う資源管理者にとっては，遊漁者が釣りをする際に支払う遊漁料は重要な財源であることから（佐藤, 2000; 中村・飯田, 2009），遊漁者にいかに訪れてもらうかは，漁場を維持管理するための財源を確保するうえで重要な要素となる。よって，遊漁者数の増減に影響する要因について把握する必要がある。

遊漁は水産生物を採捕する行為であるため，資源動向に影響を与えうる

（Post et al., 2002; Arlinghaus et al., 2013）。一方，遊漁者の釣果（釣獲尾数および大きさ）は釣りに対する満足度を決める主要因であり（Miko et al., 1995; 大浜ら, 2002; Arlinghaus et al., 2014; Beardmore et al., 2014; 3.2 節），資源状況に左右される。また，釣り場環境や釣果の状況といった情報をあらかじめ収集したうえで釣りに行く場所を選んでいる遊漁者も多く（Papenfuss et al., 2015; 玉置ら, 2016），遊漁対象となる魚類資源の状況は，釣果に関する情報を通じて遊漁者の動向に影響しうる。こうした背景から，遊漁には水産資源と遊漁者が互いに影響しあうシステムが存在している（Arlinghaus et al., 2013, 2017; Ward et al., 2016）。よって，持続的な遊漁管理のためには，遊漁者が資源に与える影響だけでなく，資源に対する遊漁者の応答についても把握する必要がある（Arlinghaus et al., 2013, 2017; Ward et al., 2016）。本研究では 2014～2016 年の然別湖における遊漁解禁期間中に遊漁者へアンケート調査を行い，資源動向や釣獲状況の変化に対する遊漁者の応答について分析し，然別湖を訪れた遊漁者の志向や動向の把握を試みた。

3.1.1 調査方法

2014～2016 年の然別湖特別解禁の期間中に，遊漁者に対面面接方式でアンケート調査を実施した。然別湖では，遊漁の受付が行われ遊漁者が出入りする場所は遊漁受付事務所 1 か所のみであり（1.3 節，図 1.1），遊漁者は遊漁終了後，受付事務所に釣果報告票を提出しなければならない。そして，遊漁終了時刻が 15:00 に決められており，多くの遊漁者はその時刻近くまで釣りをしている。そこで，14:00 以降に受付事務所周辺で遊漁を終了した遊漁者が戻ってくるのを待ち，アンケート調査への回答を依頼した。アンケート調査はすべての日程において同一の調査員 1 名（著者）で実施し，回答は各解禁期間（ファーストステージ/セカンドステージ）につき 1 人 1 回限りとした。

アンケート調査では遊漁者の遊漁の実態や志向について明らかにするため，以下の設問を設けた。

① 釣りかた（ルアーフィッシング/フライフィッシング/両方）

② 1 日の釣りの満足度（0〜5 の 6 段階，最高は 5）
　満足度を評価した理由（自由回答）
③ 1 日の釣果
④ 遊漁対象種のうちの目的としていた順位（同一順位可）
⑤ 居住地
⑥ これまでに然別湖を訪れた回数

上記の質問項目に対して得られた回答について，適宜クロス集計を行った。なお，質問項目⑤の「居住地」については，2013 年に行った予備調査においても同様の聞き取りを行っていたことから，そのときの結果もあわせて集計した。また，各質問項目への回答について適宜必要な解析を行い[*1]，解禁年や解禁期間（ファーストステージ/セカンドステージ）による違いを検討した。

3.1.2　アンケート調査の結果

まずは，アンケート調査の結果をそのまま紹介する。アンケート調査では，2014 年および 2015 年は 321 名，2016 年は 318 名より回答を得た。なお，結果の分析にあたり，アンケートを行った時期を，解禁期間（ファーストステージ/セカンドステージ）による区分だけでなく，表 3.1 に示すように土曜日と日曜日が 1 日ずつ含まれる 1 週間ごとに細分化した。解禁期間はファーストステージ/セカンドステージの違い，解禁時期は表に示した細分化した期間を示している。

表 3.1　解禁時期ごとの表記

表記	期間
F1 週	ファーストステージの解禁 1〜7 日目
F2 週	ファーストステージの解禁 8〜14 日目
F3 週	ファーストステージの解禁 15〜21 日目
F4 週	ファーストステージの解禁 22〜28 日目
F5 週	ファーストステージの解禁 29〜33 日目
S1 週	セカンドステージの解禁 1〜7 日目
S2 週	セカンドステージの解禁 8〜14 日目
S3 週	セカンドステージの解禁 15〜18 日目

[*1] 解禁年，解禁期間，質問項目の選択肢，およびこれらの交互作用を説明変数とした対数線形モデルを構築し，変数減少法で変数選択を行った。

(1) 釣りかた

2014〜2016 年で一貫して，ルアーフィッシングでの遊漁者（以下，ルアー遊漁者）のほうがフライフィッシングの遊漁者（以下，フライ遊漁者）よりも多く，ファーストステージの前半（F1 週および F2 週）はその傾向が顕著であった。しかし，セカンドステージはフライ遊漁者の割合が高かった（釣りかた：$p < 0.001$，解禁期間：$p = 0.029$，釣りかた×解禁期間：$p = 0.007$，図 3.1）。

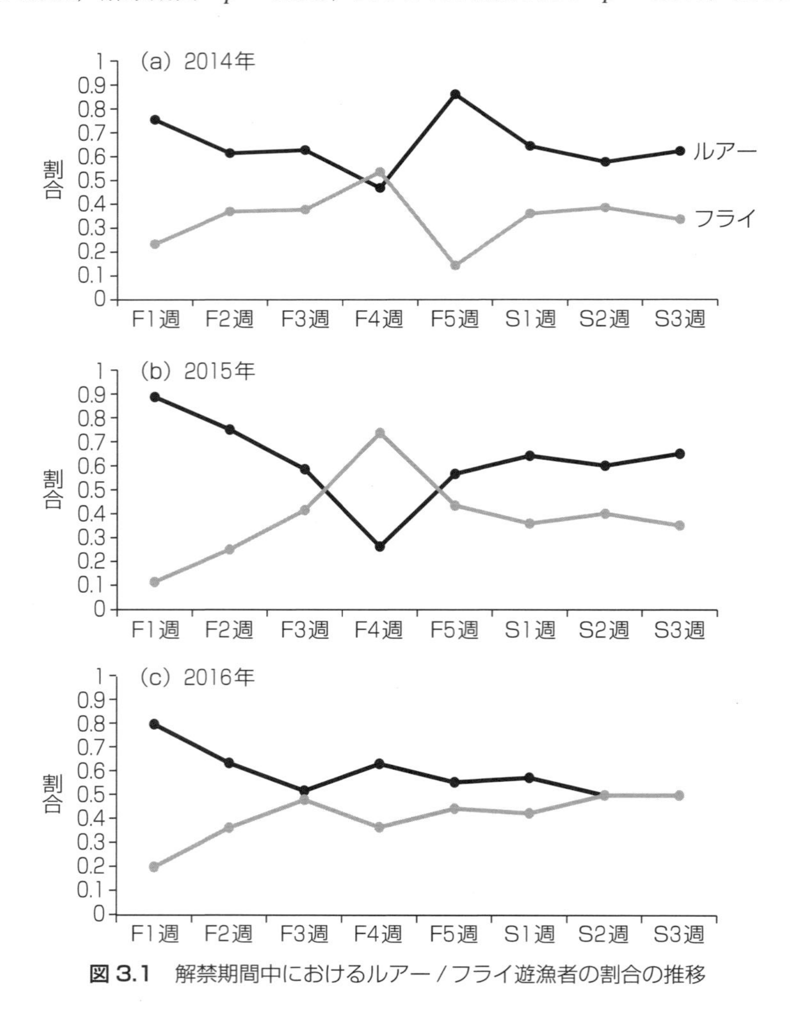

図 3.1　解禁期間中におけるルアー / フライ遊漁者の割合の推移

なお，回答者のなかにはルアーフィッシングとフライフィッシングの両方を行っていた遊漁者も見られたが，これらの遊漁者については主に用いたほうの釣りかたに組み入れて分析した。

(2) 1 日の釣りの満足度

2016 年セカンドステージを除き，いずれの解禁期間においても「4」と回答した遊漁者が最も多かった（図 3.2）。2016 年セカンドステージでは「3」と回答した遊漁者が最も多かった。すべての年および解禁期間において，中間にあ

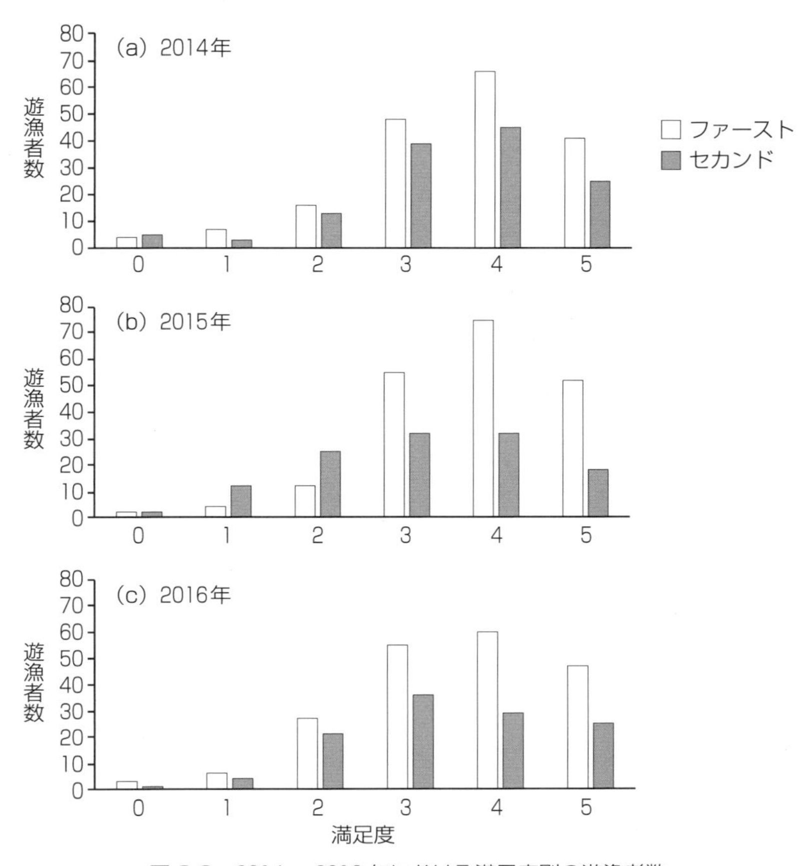

図 3.2　2014 ～ 2016 年における満足度別の遊漁者数

たる「3」以上の評価をした遊漁者が過半数を占めた。満足度の平均値は，ファーストステージは3.63，セカンドステージは3.33であり，相対的にファーストステージのほうが満足度は高かった（解禁期間：$p = 0.016$）。

満足度を評価した理由は，いずれの年においても「釣果」と回答した遊漁者が最も多かった（図3.3）。2番目に多い回答は「釣りの内容」あるいは「天候」であった。なお，ここでは釣った魚について，釣獲尾数や大きさなど定量化できるものを「釣果」，魚を釣るまでのプロセスや技術的な事項など定量化できないものを「釣りの内容」として集計した。

1日の釣りに対する満足度について，これまでに然別湖を訪れた回数別に集計した結果，初めて訪れた遊漁者は「4」が最も多かった（図3.4）。2回目以上あるいは5回目以上の訪問回数では，「3」あるいは「4」と回答した遊漁者が

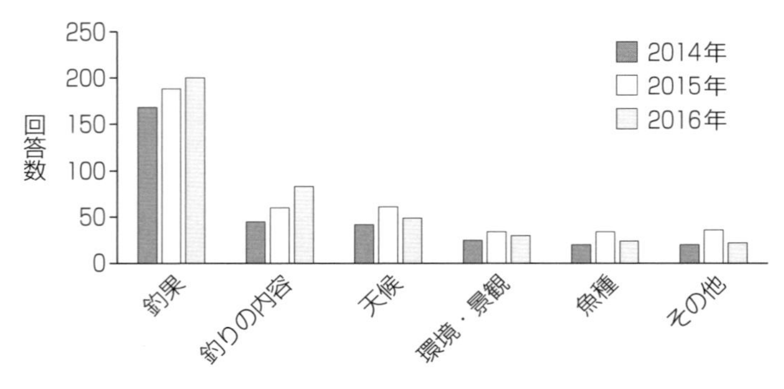

図3.3　満足度を評価した要因

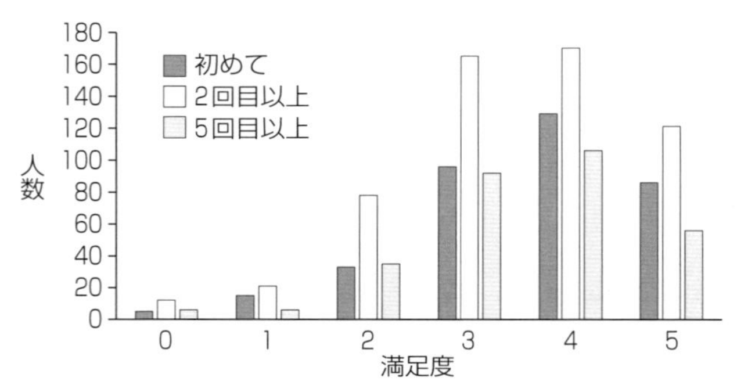

図3.4　然別湖への訪問回数別の遊漁者の満足度

最も多かった。訪問回数別の遊漁者の満足度を平均すると，初めて訪れた遊漁者は 3.6，2 回目以上は 3.4〜3.5，5 回目以上は 3.4〜3.6 の範囲であり，訪問回数および調査年による有意な違いは認められなかった（訪問回数：$p = 0.81$，調査年：$p = 0.93$，表 3.2）。

表 3.2　然別湖への訪問回数別の満足度の平均値

調査年	初めて	2回目以上	5回目以上
2014	3.63	3.48	3.56
2015	3.59	3.46	3.63
2016	3.63	3.41	3.37

(3) 1 日の釣果

全魚種の合計釣果（釣獲尾数）は，いずれの年においても 1 日に 1〜5 尾程度の遊漁者が最も多かった（図 3.5）。1 尾も釣果を得られなかった遊漁者は，全体の 5〜7 % 程度であった。魚種別の釣果は，サクラマスとニジマスでは 10 尾

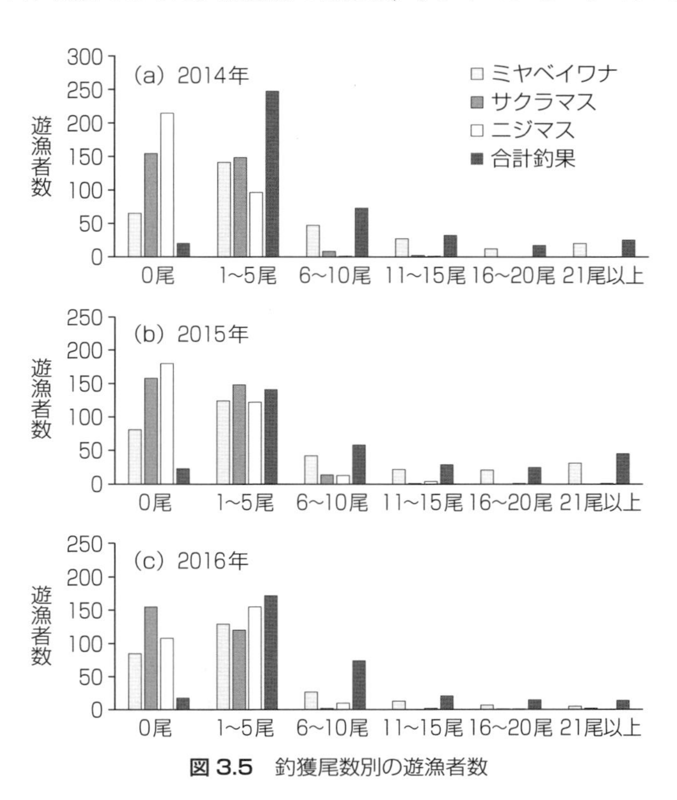

図 3.5　釣獲尾数別の遊漁者数

以上の釣果を得た遊漁者は調査年を通じて 1.7 % と稀であったのに対し，ミヤベイワナでは 10 尾以上の釣果を得た遊漁者は 16.4 % と比較的多く見られた。

(4) 遊漁対象種のうちの目的としていた順位

2016 年セカンドステージを除き，いずれの年および解禁期間においてもミヤベイワナを 1 位に挙げた遊漁者が最も多かった（図 3.6）。ミヤベイワナ以外

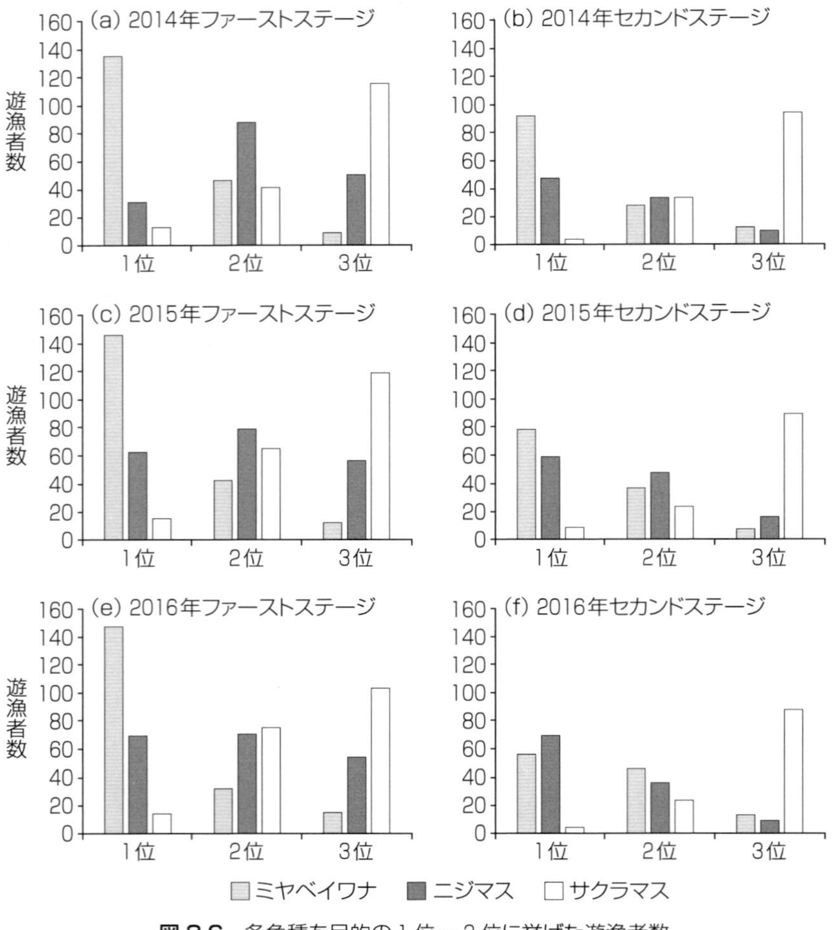

図 3.6　各魚種を目的の 1 位～3 位に挙げた遊漁者数

の魚種を 1 位に挙げた遊漁者の多くは，ニジマスを 1 位に挙げていた。2 位に挙げた魚種について集計した結果，2014 年と 2015 年はニジマス，2016 年はサクラマスを挙げた遊漁者が多かった。2016 年セカンドステージでは，ニジマスを 1 位に挙げた遊漁者が最も多く，2 位にはミヤベイワナを挙げた遊漁者が最も多かった。いずれの年においても，ファーストステージでは前半より後半のほうが，あるいはファーストステージよりもセカンドステージのほうが，ニジマスをいちばんの目的に挙げた遊漁者が多くなる傾向が見られた（図 3.7）。

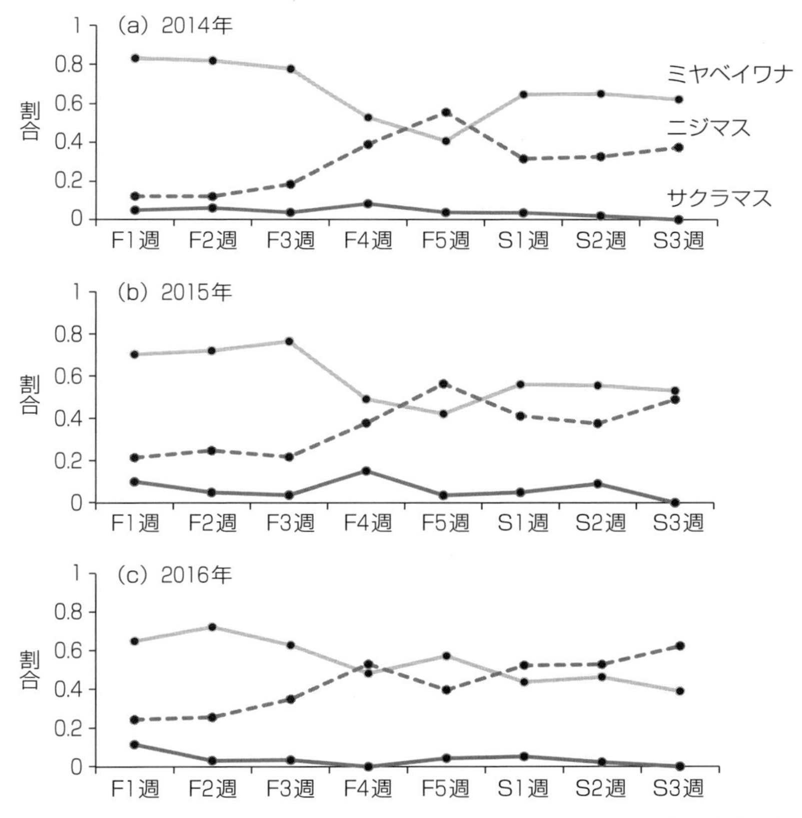

図 3.7　いちばんの狙いの対象魚（目的とする順番のうち 1 位に挙げた魚種）別の遊漁者数の割合の推移

また，1 位 = 3 点，2 位 = 2 点，3 位 = 1 点 と点数をつけ，合計得点から遊漁対象種の人気度を評価した。ほぼすべての年および解禁期間において，最も得点が高い魚種はミヤベイワナで，次いでニジマスが高かった（図 3.8）。ただし，2016 年セカンドステージではミヤベイワナとニジマスの順位が逆転していた。

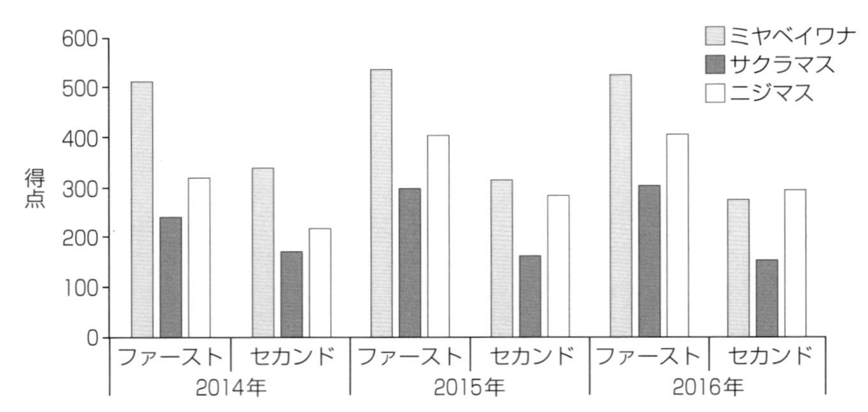

図 3.8　ミヤベイワナ，サクラマス，ニジマスの人気度。アンケート調査のうちの各魚種の目的とする順番（1位～3位）に応じて1位＝3点，2位＝2点，3位＝1点と点数をつけ，各魚種ごとの合計得点を集計した。

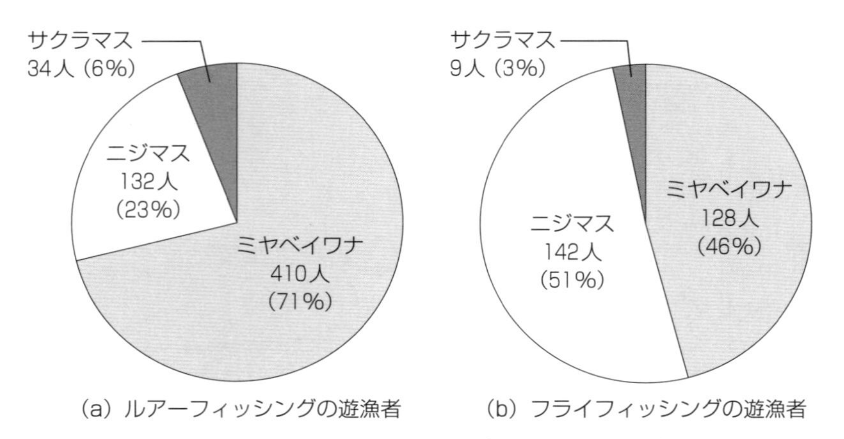

図 3.9　ルアー／フライ遊漁者における，いちばんの狙いの魚種（目的としていた順番の 1 位に挙げた魚種）別の遊漁者数の割合

釣りかた（ルアー/フライ）別に，目的の順位が 1 位の魚種を集計した。ルアー遊漁者ではミヤベイワナを 1 位に挙げる遊漁者が最も多かったのに対し，フライ遊漁者ではニジマスを 1 位に挙げる遊漁者が最も多かった（図 3.9）。

目的とする魚種としてミヤベイワナを 1 位に挙げた遊漁者（ミヤベイワナ狙いの遊漁者），ならびにニジマスを 1 位に挙げた遊漁者（ニジマス狙いの遊漁者）のそれぞれについて，1 日の釣りの満足度を集計した。ミヤベイワナ狙いの遊漁者では，ファーストステージのほうがセカンドステージに比べて満足度は高かったが（解禁期間×満足度：$p < 0.001$），ニジマス狙いの遊漁者では解禁期間による満足度の違いは見られなかった（解禁期間×満足度：$p = 0.22$，表 3.3）。

表 3.3　狙いの魚種別の遊漁者の満足度

いちばんの目的の魚種		ミヤベイワナ狙い		ニジマス狙い	
解禁期間		ファースト	セカンド	ファースト	セカンド
満足度	0	8	5	12	9
	1	16	18	7	10
	2	36	45	22	31
	3	119	71	45	41
	4	120	53	57	38
	5	119	31	31	38
満足度平均値		3.64	3.09	3.27	3.22

(5) 居住地

3 年間を通じて，札幌都市圏（以下，札幌）に在住する遊漁者が最も多かった（図 3.10）。北海道外（以降，道外）に在住する遊漁者は全体の 33～40％を占めており，とくに関東地方に在住する遊漁者の割合が高かった。関東地方に在住する遊漁者は，各解禁年を通じて，札幌に次いで 2 番目に多かった。3 番目に多い地域は十勝管内であった。

また，遊漁者の居住地を北海道内（以降，道内）と道外に分けて，解禁年および解禁期間別にその割合を集計した（図 3.11）。道外在住の遊漁者の割合は 30～47％の間で推移しており，多くの年でセカンドステージのほうが道外在住の遊漁者の割合が高かった（解禁期間×居住地：$p = 0.004$）。しかし，2016年セカンドステージはファーストステージに比べて道外在住の遊漁者の割合が減少していた。

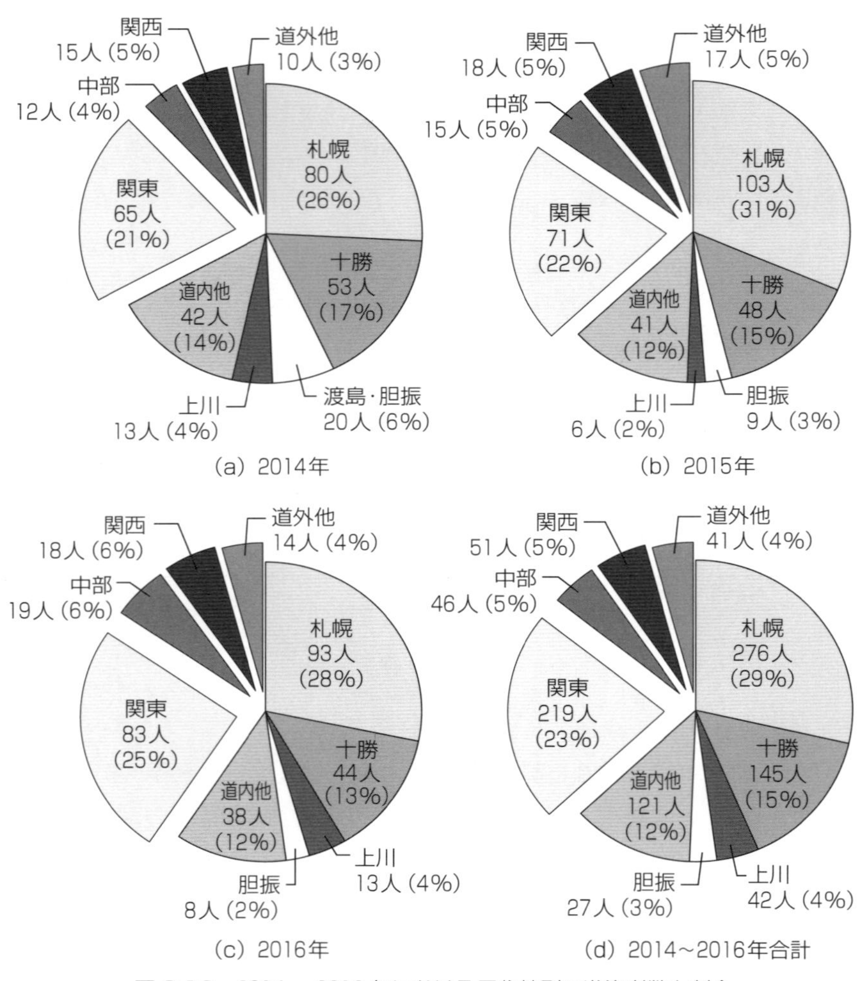

図 3.10 2014 ～ 2016 年における居住地別の遊漁者数と割合

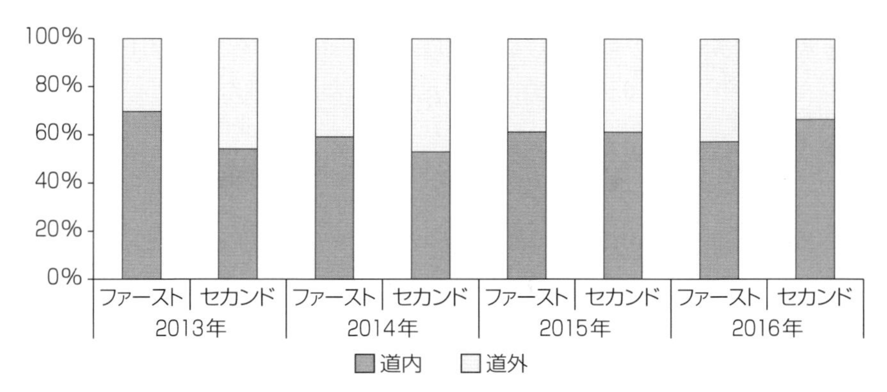

図 3.11　2013～2016 年における居住地域別（道内／道外）の遊漁者の割合の推移。本研究の調査期間は 2014～2016 年であるが，2013 年のデータは前年の予備調査で得られた結果から引用した。

(6) これまでに然別湖を訪れた回数

訪問回数を「初めて」「2～3 回」「4～6 回」「7～10 回」「11 回以上」に分けて集計した結果，いずれの年および解禁期間においても「初めて」と回答した遊漁者が最も多かった（図 3.12）。2 回以上訪れていたリピーターが占める割合は 34～41 % であった。また，2 回以上訪れていた遊漁者を対象に，前年に訪れた解禁期間を聞き取った結果，ファーストステージでは前年もファーストステージに訪れた遊漁者が最も多く，セカンドステージでは前年もセカンドス

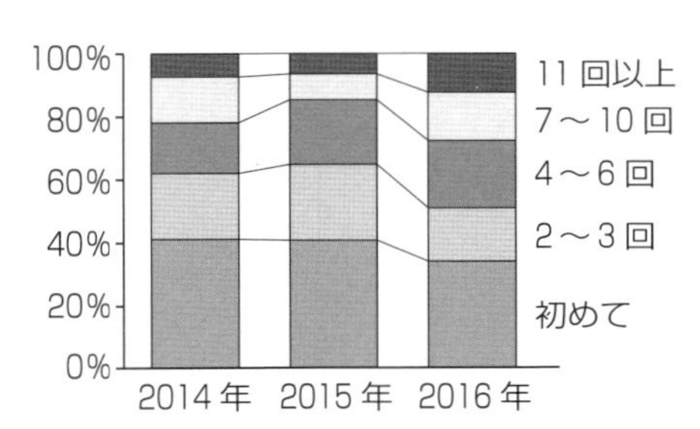

図 3.12　2014～2016 年における，然別湖への釣行回数別の遊漁者数の割合

表 3.4　各解禁期間（ファーストステージ/セカンドステージ）における，前年に然別湖を訪れたときの解禁期間別の遊漁者数（2 回以上然別湖を訪れていた遊漁者）

前年訪れた解禁期間	ファースト	セカンド
ファースト	142	49
セカンド	54	62
両方	73	71
来ていない	66	50

テージ，あるいは両方の期間に訪れていた遊漁者が多かった（2014 年：p = 0.035，2015 年：p = 0.003，2016 年：p = 0.009，表 3.4）。

3.1.3　考察：アンケート調査の結果に見る遊漁者の志向と動向

本項では，アンケート調査で得られた一連の結果を総括して概観し，(1) 遊漁者の釣りかたと狙いの魚種，(2) 遊漁者の満足度，(3) 居住地と訪問回数の 3 点に着目して，然別湖における遊漁者の特徴や特性，志向について考察していく。

(1) 遊漁者の釣りかたと狙いの魚種

然別湖の遊漁者は全体的にルアー遊漁者の割合が多く，この傾向はファーストステージ前半において顕著であった。遊漁対象種の目的とする順位について釣りかた別に集計した結果では，ルアー遊漁者ではミヤベイワナを狙う遊漁者が多く，ファーストステージ前半ではミヤベイワナを 1 位に挙げた遊漁者が多くの割合を占めていた。ミヤベイワナは低水温の時期に多くの釣獲尾数が期待でき（田畑, 2013; 2.2 節），ルアーフィッシングのほうが釣獲尾数は多い (2.4 節)。こうした情報は釣り雑誌などの一般的な釣りジャーナリズムのみならず，グレートフィッシング in 然別湖のウェブサイトにおいても公開されている（田畑, 2013; 西井, 2014; GFS ウェブサイト “釣果情報”, 2018 年 1 月 11 日閲覧)。こうした実情から，ファーストステージ前半は，より多くのミヤベイワナの釣果が期待でき，遊漁者自身もこのことを知っていたため，ミヤベイワナを狙うルアー遊漁者が集中したと考えられる。さらに，ファーストステージに訪れていた遊漁者は，前年もファーストステージに訪れていた遊漁者が多いことから，ミヤベイワナを狙ってファーストステージを好んで訪れている遊漁者層が存在すると考えられる。一方，ファーストステージ後半およびセカンドステージは，水温が比較的高いためニジマスの釣果が望みやすく（2.2 節），フライ遊漁者の多くがニジマスを主に狙っていたことから，フライ遊漁者の割合が高くなったと考えられる。

遊漁対象種のうち第 1 位に目的としていた魚種として，ミヤベイワナを挙げた遊漁者が最も多かった。ミヤベイワナが然別湖の固有種であることは遊漁者の間で広く知られており，「然別湖でしか釣ることができない貴重な魚」として認知されていることから，多くの遊漁者が最も釣りたい魚種として挙げたと考えられる。現行の管理体制になる以前は遊漁者を抽選で制限していたが，倍率が 18 倍にも及び（faula 編集部, 2013），先着順となった現在でも解禁初日の遊漁券は 3 か月前の予約受付開始後わずか 1 分未満で定員に達している（北海道ツーリズム協会，私信）。このように，ミヤベイワナは現在でも人気が高く，資源としても重要な魚種であるといえる。

第 1 位に目的としていた魚種として，ニジマスを挙げた遊漁者は 2 番目に多く，その割合は遊漁者全体の 4 人に 1 人を占めていた。前述したとおり，然別湖の解禁期間中，水温が高い時期ではニジマスは釣りやすくなるが，ミヤベイワナは逆に釣りにくくなる。水温が高くなる時期には，ミヤベイワナ狙いの遊漁者の減少を補完するようにニジマス狙いの遊漁者が増加していたことから，然別湖において安定した遊漁者数を確保するうえで，ニジマスは無視できない存在であると考えられる。

(2) 遊漁者の満足度

1 日の釣りに対する遊漁者の満足度は，相対的にファーストステージのほうがセカンドステージに比べて高かった。この結果は，主な対象種であるミヤベイワナの釣獲尾数が相対的にファーストステージのほうが多いことに起因すると考えられる（2.2 節）。セカンドステージはミヤベイワナの繁殖期にあたり，流入河川に遡上している群れが存在する。その結果，ファーストステージに比べて釣獲対象となる資源が少なくなり，10 尾以上のまとまった釣果を得ることが難しくなる（2.2 節；GFS ウェブサイト“釣果情報”, 2018 年 1 月 11 日閲覧）。よって，セカンドステージではミヤベイワナの釣獲尾数が減少し，満足度も相対的に低くなったと考えられる。一方，ニジマス狙いの遊漁者は，セカンドステージにおいてもファーストステージと同程度の釣果（釣獲尾数および大きさ）が望めることから，解禁期間を通じた満足度の変化が小さくなったと考えられる。

遊漁者の満足度は，過去に然別湖を訪れた回数によらず，満足度「3」以上が全体の 8 割以上，「4」以上の遊漁者は全体の半数以上を占めた。したがって，遊漁者は訪問回数を問わず一定の満足度を得ており，こうした遊漁者はリピーターになりうると考えられる。

(3) 居住地と訪問回数

遊漁者の居住地は，地元の十勝管内のみならず，札幌都市圏や関東地方に在住する遊漁者の割合が高かった。このことから，ミヤベイワナをはじめとする然別湖の魚類資源の利用者は，全国に及んでいるといえる。道外の遊漁者の割合は，多くの年でファーストステージよりもセカンドステージのほうが高かった。ファーストステージには祝日が含まれないが，セカンドステージにはシルバーウイークと呼ばれる大型連休が含まれている。また，道外の内水面では，9～10 月に禁漁となる地域が多い（中村・飯田, 2009)。こうした背景から，道外に在住する遊漁者の割合が多くなったと考えられる。

然別湖を訪れた回数については，2 回目以上の遊漁者の割合が多かったが，初めて訪れた遊漁者も毎年一定数見られた。然別湖における遊漁者は 2006 年以降増加傾向にあり，2015 年は過去最高の遊漁者数（1209 人）であった（北海道ツーリズム協会，未発表)。これは，一度訪れた遊漁者が，その後リピーターとなっていることを反映していると考えられる。

3.1.4 2016 年セカンドステージの結果

いくつかの質問項目では，2016 年セカンドステージのみ例年と大きく異なる結果が見られた。これは，2016 年のセカンドステージ開催前に十勝管内を襲った台風の影響であると考えられる。この台風により十勝管内は各地で大規模な被害を受け，然別湖においても流入河川の氾濫や湖岸での土砂崩れが発生し，湖水の透明度は著しく低下した。ここでは，2016 年セカンドステージで見られた特異なアンケート調査結果について，当時の出来事を踏まえて考察していきたい。

2016 年セカンドステージは，他の調査年とは異なりニジマス狙いの遊漁者が最も多かった。ミヤベイワナの釣果が大きく低下した一方，ニジマスが多く釣られた（2.2 節）。こうした情報はウェブサイトの釣果情報を通じて発信され（GFS ウェブサイト “釣果情報”, 2018 年 1 月 11 日閲覧），初めからニジマスを狙って釣りに来ていた遊漁者だけでなく，アンケート調査に回答する際に，「元々はミヤベイワナを狙う予定であったが，釣果情報を元にニジマス狙いに切り替えた」「然別湖で釣りをすることが第一の目的で，釣果情報を参考にしてニジマスを主に狙った」という遊漁者もいた。こうした事例から，2016 年セカンドステージは，台風の影響で釣獲状況が変化したことで，遊漁者が主に狙う魚種に変化が生じていたと考えられる。

また，2016 年セカンドステージは他の調査年と比較して道外からの遊漁者が少なかった。これは，道外在住の遊漁者が台風の影響により旅行を中止したためであると考えられる。然別湖で釣りをする遊漁者は，然別湖以外に十勝管内の川での釣りも旅行目的としている者も多いが（詳細は第 4 章を参照），台風の影響で十勝管内の河川は釣りができる状況ではなかったことから，旅行そのものを中止した道外の遊漁者が多かった可能性がある。然別湖の遊漁券を予約する場合，予約が受け付けられてから 1 週間以内に遊漁料を振り込む必要があり，キャンセルした際の払い戻しはない。しかし，2016 年セカンドステージでは，台風という事情を考慮して，セカンドステージ開催前に申し込まれた予約に関してはキャンセルと遊漁料の払い戻しを受け付けた。その結果，予約者の 2 割に相当する 103 名の遊漁者がキャンセルした（北海道ツーリズム協会，未発表）。これらの遊漁者のなかには，道外の遊漁者が比較的多く含まれていたという（北海道ツーリズム協会，私信）。

2016 年セカンドステージにおける遊漁者数は，予約のキャンセルがあったにもかかわらず，過去 2 年間（2014 年，2015 年）のセカンドステージに比べて 110 名程度の減少にとどまった。予約のキャンセル 103 名とこの減少人数が同等であることから，2016 年セカンドステージが解禁した後に予約して来場した遊漁者数については，過去 2 年間と同程度であったといえる。ミヤベイワナ狙いあるいはニジマス狙いの遊漁者の割合について，2014 年と 2015 年の合計と 2016 年を比較すると，ニジマス狙いの遊漁者数の増加幅（13.5 ポイント）が，ミヤベイワナ狙いの遊漁者数の減少幅（11.1 ポイント）を上回っている。このことから，2016 年セカンドステージでは，ミヤベイワナ狙いの遊漁者が減少した分を，ニジマス狙いの遊漁者が補填していたと考えられる。

3.1.5　まとめ

以上の一連の結果をまとめると，然別湖の釣り人は，①ミヤベイワナ狙いとニジマス狙いに大別される，②ルアー遊漁者はミヤベイワナ狙い，フライ遊漁者はニジマス狙いが多い，③狙う魚種が最も釣れやすい時期に合わせて然別湖を訪れている，④最新の釣果に関する情報を収集したうえで訪れている，⑤道内のみならず，道外から来る遊漁者も大きな割合を占めている，⑥繰り返し訪れる遊漁者が多い，といった特徴があることが明らかになった。また，ミヤベイワナ狙いの遊漁者と，ニジマス狙いの遊漁者の両方が存在することにより，解禁期間を通じて安定して遊漁者が訪れていると考えられた。

上述のような遊漁者の特徴から，安定的な遊漁者数を確保するためには，然別湖における一般的な釣り情報のみならず，最新の釣果情報を誰でも入手できる形で逐次発信していくことが効果的であると考えられる。近年，スマートフォンの普及に伴いインターネットを通じた釣り情報，釣果情報の重要性が増しており（Papenfuss et al., 2015; 玉置ら, 2016），今後さらに重要になると考えられる。

一方，然別湖では漁獲圧低減を目的に 1 日の遊漁者数を制限しているため，多くの釣果が望める特定の時期に多くの遊漁者を呼び込んで遊漁者数を増やすことは難しい。そこで，ミヤベイワナについて，多くの釣果を得ること以外の楽しみかたを提唱することも，遊漁者数の安定化に寄与するだろう。たとえば，ミヤベイワナは生息する場所により体色が変化するため，場所や水深によって体色の異なる個体が釣れることが経験的に知られている（faula 編集部, 2013）。こうした体色の変化はファーストステージ中盤から後半にかけて多様性に富み，この時期に深い水深で釣られたミヤベイワナはブルーバックと呼ばれ，背部が深い青緑色に輝き，極めて美しいとされている（faula 編集部,

2013)。さまざまな色のミヤベイワナを狙うといった楽しみかたを提案し，釣りに多様性を見いだしてもらうことが，解禁期間を通じた遊漁者数の安定化に寄与するかもしれない。

3.2　遊漁者の満足度と釣果の関係
—釣り人はどれくらい釣りたいと思っているか

前節では，然別湖へ来た遊漁者に 3 年間継続してアンケート調査を行い，然別湖の釣りに対して何を求め，どこから，どのように来ているのかを検討した。その結果，最新の釣果情報を参考にして，最も釣りたい魚種の釣果が望める時期を選んで訪れているという側面が明らかになった。遊漁者の釣りに対する満足度を左右する要因はさまざまであるが（Arlinghaus, 2006; Arlinghaus et al., 2014; Beardmore et al., 2014），釣った魚，つまり釣果は主要なものの一つであると考えられる（Miko et al., 1995; 大浜ら, 2002; Arlinghaus et al., 2014; Beardmore et al., 2014)。「釣れないよりは釣れるに越したことはない」「せっかく釣りに行くならば何かしら釣果を得たい」という考えは多くの遊漁者が持っているであろう。

さらに，ひとくちに「釣果」といっても，それが示すものは遊漁者によって異なると考えられる (Arlinghaus et al., 2014)。たとえば，できるだけ多くの魚が釣れたほうが満足度が大きい人もいれば，数よりも大きさを重視する遊漁者もいるだろう。したがって，釣果が遊漁者の満足度に与える影響を検討するには，満足度と釣果の関係を定量的に明らかにする必要があると考えられる。さらに，第 1 章ですでに明らかになったとおり，釣果は資源量と密接にかかわっている。よって，遊漁者の満足度という視点から維持すべき資源水準を検討するためにも，満足度と釣果の関係を明らかにしておくことは重要な知見になると考えられる。そこで，本研究ではアンケート調査の結果を基に，満足度と釣果の関係を解析した。

3.2.1　方法

本研究では前節に示したアンケート調査のうち，2014 年の結果を解析に用いた。解析に供したものは，釣りかた，1 日の釣りの満足度，1 日の釣果，および居住地の聞き取り結果である。アンケート調査の結果を基に，ミヤベイワナ，サクラマス，ニジマスの釣果の他に，釣獲した魚種数，釣りかた，居住地，解禁時期（表 3.1 で示した解禁期間における週）が，満足度にどのように影響しているかを検討した。釣果については，然別湖では 40 cm 以上のものはホームページ上の釣果情報にて「本日のビッグワン」として紹介されることから，40 cm 以上のものとそれ未満のものを分けて扱った。また，前節で，然別湖の遊漁者はミヤベイワナ狙いとニジマス狙いに大別できることが明らかになったので，両者のデータを別々に解析した。

なお，遊漁者の満足度には，上に挙げたもの以外の要因や，測定が不可能な個人的な志向や価値観も影響している可能性は多分に考えられる。そこで，本研究ではそのような可能性を前提とした統計学的手法を用いた。解析手法の詳細については，章末の〔参考〕を参照されたい。

3.2.2　結果

まず，ミヤベイワナ狙いの遊漁者では，満足度に影響を与える要因は，ミヤベイワナの釣果と魚種数であった（図 3.13 a）。ミヤベイワナの釣果が多くなるほど，あるいは釣獲した魚種が多くなるほど，満足度は高くなっていた。とくに，1 尾目の釣果が満足度に与える影響は大きく，その効果はミヤベイワナが最大であった。

一方，ニジマス狙いの遊漁者では，満足度に影響を与える要因は，40 cm 以上のニジマスの釣果とミヤベイワナの釣果であった（図 3.13 b）。40 cm 以下のニジマスの釣果は満足度に影響を与えていない点と，ミヤベイワナの釣果が満足度を高めていた点が特徴的であった。

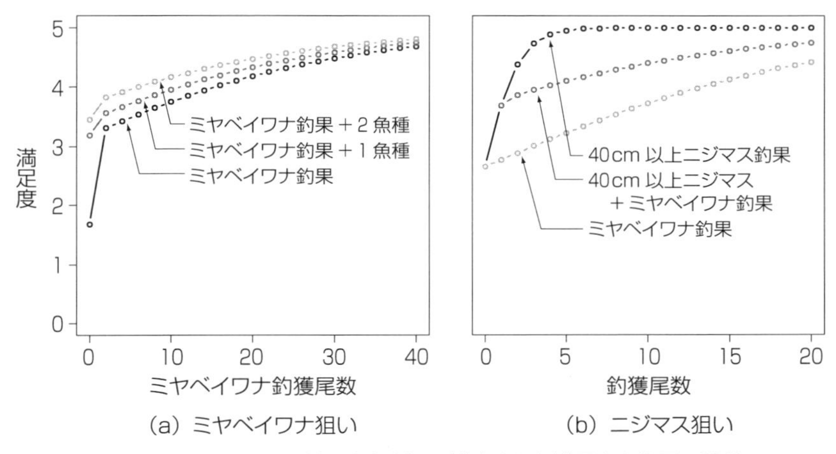

図 3.13　アンケートの結果を解析して推定された満足度と釣果の関係。(a) と (b) で横軸のスケールが異なる点に注意。

3.2.3　考察 1：満足度と釣果の関係に見る遊漁者の志向

然別湖の遊漁者において満足度と釣果の関係について解析した結果，ミヤベイワナ狙いとニジマス狙いの遊漁者の間で，あるいは魚種によって，その関係性が異なることが明らかになった。ここでは，満足度に影響を与えていた要因とその理由について考察することで，釣果に対する遊漁者の志向について検討していきたい。

まず，ミヤベイワナの釣果は，ミヤベイワナ狙いの遊漁者のみならず，ニジマス狙いの遊漁者の満足度も高めていた。さらに，ミヤベイワナ狙いの遊漁者では，1 尾目のミヤベイワナの釣果で満足度は大きく上昇していた。ミヤベイワナが然別湖の固有種であり，「湖の宝石」とも称されるほど美しい魚体であるということは，ホームページや釣り雑誌などを通じて遊漁者の間で広く知られている（GFS ウェブサイト; 西井, 2014)。こうした背景から，狙いの魚種を問わず，「然別湖にしかいないミヤベイワナの姿を見たい」という意向が遊漁者の間にあることがうかがえる。また，ミヤベイワナは然別湖では 10～20 尾程度の比較的まとまった釣果が望める魚種であることから，ミヤベイワナ狙いの遊漁者には「できればまとまった数のミヤベイワナを釣りたい」という意向があると考えられる。

次に，ニジマス狙いの遊漁者について見てみると，ニジマスの釣果は 40 cm 以上でないと満足度に影響を与えないという結果であった。ニジマスは外来種であり，然別湖以外の水域でも釣ることができる。さらに，然別湖におけるニジマスの平均的な釣果は 1 人 1 日当たり 2 尾未満であり，決して魚影が濃いとはいえない。一方，然別湖のニジマスは 40～60 cm の大型個体が釣れることが珍しくなく（GFS ウェブサイト“釣果情報”），アンケート調査で目的とする魚種について聞き取った際に，「大きいニジマス」と回答した遊漁者が多く存在した。こうした背景から，然別湖でニジマスを狙う遊漁者は，ニジマスについて釣獲尾数よりも大きさに主眼を置いていると考えられる。北米のニジマス釣り場では，資源密度が低い水域はより大型のニジマスを求める遊漁者に好まれる傾向があることが知られており（Ward et al., 2013 a），然別湖もこうした例の一つであると考えられる。

3.2.4　考察 2：遊漁者の満足度を達成しうる資源状況

満足度と釣果の関係を解析した結果から，然別湖の遊漁者が持つ釣果に対する志向について，①ミヤベイワナの姿を見たい，②ミヤベイワナ狙いの遊漁者では，ある程度まとまった数のミヤベイワナを釣りたい，③ニジマスもサクラマスも釣れたら満足度が高まる，④ニジマスは少数でも大型個体が釣りたい，といった志向があることが明らかになった。では，こうした遊漁者の志向を満たしうる資源状況というのは，どういうものなのかを検討してみたい。

アンケート調査で満足度について聞き取った結果，多くの遊漁者が満足度 0～5 のうち 3 あるいは 4 以上の回答をしており，こうした遊漁者はリピーターとなっていることが示唆された。この結果から，満足といえる満足度の水準を「4」として，この満足度を達成できる釣果を図 3.13 のグラフから推定した。まず，ミヤベイワナ狙いの遊漁者の場合，満足度「4」が達成される釣果は，ミヤベイワナ 15 尾，あるいはミヤベイワナ 9 尾と他に 1 魚種，ミヤベイワナ 5

尾とニジマス，サクラマスの釣果と推定された。次に，ニジマス狙いの遊漁者の場合は，40 cm 以上のニジマス 2 尾，あるいはミヤベイワナ 12 尾，ミヤベイワナ 6 尾と 40 cm 以上のニジマス 1 尾であると推定された。こうした結果から，満足といえる釣果が期待できる資源状況というのは，①ミヤベイワナが 6～15 尾程度釣れる，② 40 cm 以上のニジマスが釣れる，③ミヤベイワナだけでなくニジマスもサクラマスも釣れる，といったものであると考えられる。

遊漁者の満足の目安となる釣果がわかったところで，次に，然別湖の主要な対象種のうちミヤベイワナについて，遊漁者の満足度という視点から，維持すべき資源量について検討してみたい。2.2 節の結果から，ミヤベイワナの釣果は水温や天候によって左右されることがわかっている。そこで，水温 12 度，天候は晴れという条件での 1 人 1 日当たりミヤベイワナ釣獲尾数を見てみると，2014 年は 16.3 尾で，資源量は 10 万 5300 尾であった。この年は，アンケート調査に回答した遊漁者のうち 30％ が 10 尾を超えるミヤベイワナの釣果を得ていた。また，2015 年の 1 人 1 日当たりの釣獲尾数は 7.5 尾で，10 尾を超えるミヤベイワナの釣果を得ていた遊漁者は 46％ に及んでいた。この年の資源量は 9 万 2800 尾であった。こうした結果から，ミヤベイワナにおいて遊漁者が満足といえる釣果が期待できる資源量は，ファーストステージにおいて 9 万～10 万尾前後であり，この水準の維持が管理目標の目安となるだろう。そして，この水準は 2007 年から 2017 年までの間ですでに達成されていることから，実現可能であると考えられる。

以上のように，遊漁者の満足度と釣果の関係を明らかにすることで，遊漁者の釣果に対する志向について定量的に示すことができただけでなく，遊漁者の満足度という視点から目標とすべき資源状況についても把握することができた。ここで得られた知見は，魚類資源の管理指針を定めるうえで，生物学的な視点のみならず，釣り場の経営管理という視点からも考慮する際に，重要な知見となるだろう。

〔参考〕満足度と釣果の関係の推定方法

満足度を目的変数として，二項分布を仮定した一般化線形混合モデルを構築し，情報量規準を用いた変数選択を行った。モデルの概要は以下のとおりである。

$$U \sim \exp(C_{\mathrm{miy}} + C_{\mathrm{rnb}} + C_{\mathrm{Brb}} + C_{\mathrm{skr}} + Sp + Sty + Are + Wek + \mathrm{Int} + r_i) \qquad (3.1)$$

ここで，U は遊漁者の満足度，C は釣獲尾数，Sp は魚種数，Sty は釣りかた（ルアー/フライ/両方），Are は居住地（道内/道外），Wek は解禁時期（解禁期間における週），Int は解禁時期とミヤベイワナ釣果の交互作用であり，r_i は切片に個人差を想定したランダム効果を示している。説明変数の釣獲尾数において，添え字の miy はミヤベイワナ，rnb はニジマス，Brb は 40 cm 以上のニジマス，skr はサクラマスを表している。40 cm 以上のミヤベイワナについては，アンケート調査結果において釣果を得ていた遊漁者はごく少数であったため（3 尾/3 名），説明変数には含めなかった。魚種数は 0 魚種/1 魚種/2 魚種/3 魚種のカテゴリカルデータとして扱った。交互作用 Int は，ミヤベイワナ狙いの遊漁者におけるモデルにのみ置いた。ミヤベイワナは水温が低いファーストステージ前半とセカンドステージ後半に釣果を望みやすいことが GFS ホームページや各種釣りジャーナルを通じて知られている。そのため，ミヤベイワナ狙いの遊漁者は時期によって期待している釣果が異なる可能性が考えられた。そこで，解禁時期とミヤベイワナ釣果の交互作用を置くことで，この可能性について検討した。r_i は個人差を想定したランダム効果であり，説明変数以外に，遊漁者各個人の持つ価値観などの測定が不可能ながらも満足度に影響を与えうる要因を考慮するために設定した。

満足度に影響を与えている説明変数については，情報量規準を用いた変数選択によって検討した。変数選択に用いられる情報量規準としては，赤池情報量規準 AIC とベイズ情報量規準 BIC がよく用いられる。このうち，AIC はその値の算出にあたりサンプルサイズの影響を受けることがあるが（Schwarz, 1978; Maunder and Punt, 2004），BIC はサンプルサイズを考慮に入れて値を算出するため，サンプルサイズの影響を受けにくいと考えられている（Schwarz,

1978）。本研究ではミヤベイワナ狙いの遊漁者とニジマス狙いの遊漁者でサンプルサイズが異なるため，情報量規準として BIC を用い，これが最小となったモデルを採択した。

第4章

経済的視点から見た然別湖の釣り

第3章での釣り人についての研究の結果，然別湖には全国から釣り人が訪れており，多くの遊漁者がまた来たいと思える満足度を得ていることが明らかになった。そして，満足度に影響を与える要因として釣果に着目したところ，ミヤベイワナでは9万～10万尾前後の資源量を維持することで，遊漁者にとって満足といえる釣果が期待できることがわかった。

第1章において，釣りを通じて無視できない規模の経済活動が起こり，これが水産資源の社会的・経済的価値となることや，地域経済に好影響を与える可能性について言及した。然別湖の場合も，遊漁資源として活用できるようにミヤベイワナ資源を維持することで，新たに経済活動が生まれ，地域経済にも還元されている可能性が高いといえるだろう。さらに，ミヤベイワナを対象とした遊漁による実体経済への影響を定量化することで，然別湖のミヤベイワナを保全すること，そして保全と利用を両立させることの経済的根拠となるだろう。本章では，然別湖の遊漁解禁期間における遊漁者の消費活動について定量的に評価するとともに，地域振興策としての効果について検討する。

4.1　然別湖における遊漁者の消費実態とその金額

遊漁者は居住地域の近隣のみならず，時には遠く離れた水域へ旅行する（Ward et al., 2013 b）。実際，3.1節のアンケート調査では，地元以外の遊漁者が多く来訪していることが明らかになった。釣りを目的に旅行するときには，遊漁料や交通費，滞在費といった形で消費活動を伴う。このような経済活動について定量的に評価することで，遊漁を通じて高められた然別湖のミヤベイワナの経済的価値を定量化できるだろう。そこで本研究では，然別湖を訪れた遊漁者の消費活動の実態と消費金額について明らかにした。さらに，分析結果を踏まえて，然別湖の遊漁解禁によって鹿追町内で消費された金額について概算を試みた。

4.1.1　方法 1：データ収集

遊漁者の消費活動についてのデータは，アンケート調査により取得した。アンケート調査は 3.1 節に示した調査と同じ要領で，2014 年に実施した。アンケート調査では①居住地，②旅行の日数と然別湖で釣りをした日数，③然別湖での釣り以外の旅行目的，④宿泊地，⑤旅行に伴う消費金額とそのうちの交通費の計 5 つの項目について聞き取った。また，然別湖では遊漁料の支払い方法が銀行振込と当日に受付事務所で現金で支払う方法の 2 通りがあるため，この支払い方法についても聞き取った。アンケート調査への回答は，各年の各シーズン（ファーストステージ/セカンドステージ）で 1 人 1 回限りとした。

4.1.2　方法 2：データ分析

アンケート調査の結果と，北海道ツーリズム協会が集計している遊漁券発行枚数を元に，遊漁者が然別湖で釣りをするために消費した金額の総額を概算した。以下，具体的な方法について記す。

まず，アンケート調査の結果を，遊漁者の居住地（道内/道外）と然別湖で釣りをした日数（日帰り（道内の遊漁者のみ）/1 日/2 日/3 日以上）に応じて 7 つのカテゴリに分類した（表 4.1）。このとき，然別湖での釣りを主な目的としていなかった遊漁者のデータについては，以降の分析には含めなかった。

表 4.1　遊漁者の消費金額を分析する際のカテゴリ分け

居住地 (A)	然別湖での釣りに割り当てた日数 (d)
道内	日帰り
	1日＋宿泊
	2日＋宿泊
	3日以上＋宿泊
道外	1日＋宿泊
	2日＋宿泊
	3日以上＋宿泊

次に，各遊漁者について，然別湖で釣り

をするために消費した金額を，次式のとおり算定した。

$$\begin{array}{c}\text{然別湖で釣りを}\\\text{するために}\\\text{消費した金額}\end{array} = \text{交通費} + \begin{array}{c}\text{交通費・}\\\text{遊漁料}\\\text{以外の金額}\end{array} \times \frac{\text{然別湖で釣りをした日数}}{\text{旅行の全日数}} \tag{4.1}$$

そして，居住地と然別湖で釣りをした日数に応じた 7 つのカテゴリごとに平均値を算出した。

次に，7 つのカテゴリごとの総人数を推定した。アンケート調査の回答は各年各シーズン当たり 1 人 1 回としているため，アンケート調査での回答数は遊漁者の実人数を反映している。一方，遊漁券の発行枚数は，遊漁者の延べ人数を表している。遊漁者の消費金額を推定するためには，各カテゴリの遊漁者の実人数を知る必要があることから，アンケート調査での回答数と遊漁券の発行枚数を元に，実人数を推定した。方法は次のとおりである。

然別湖で 1 日釣りをした遊漁者がアンケート調査を受ける確率を p とする。このとき，1 日釣りをしてアンケート調査を受けない確率は $(1-p)$ となる。さらに，2 日間釣りをしてアンケート調査を受ける確率は $(1-p)\,p$，3 日間釣りをしてアンケート調査を受ける確率は $(1-p)(1-p)\,p$ と表すことができる（表 4.2）。以降，d 日間釣りをしたときにアンケート調査を受ける確率を p_d と表す。このとき，この数値とアンケート調査の結果から，d 日間釣りをした遊漁者の延べ人数と実人数は，次式のように表すことができる。

表 4.2　遊漁者が然別湖で釣りをしたときにアンケート調査を受ける確率。1 日釣りをしたときの確率 (p) が求まれば，2 日以上の場合も芋づる式に算出することができる。

釣りをした日数	アンケートを受ける確率
1 日	p
2 日	$(1-p)\,p$
3 日	$(1-p)(1-p)\,p$

$$\text{実人数} = \frac{\text{アンケート調査での回答数}}{p_d} \tag{4.2}$$

$$\text{延べ人数} = \frac{\text{アンケート調査での回答数}}{p_d} \times d \tag{4.3}$$

なお，ここでのアンケート調査での回答数は，上述の 7 つのカテゴリごとの遊漁者の回答数を指している。このようにして，理論的に延べ人数が導き出せるのであるが，得られた延べ人数の合計は，遊漁券の発行枚数と一致するはずである。そこで，これらが一致するような確率 p を求め，それを基に実人数を算出した。

ここまでの計算によって，7 つのカテゴリごとに，遊漁者の平均消費金額と実人数が求められた。これらを乗じて各カテゴリでの消費金額の総額を算出し，それをすべて合計し，遊漁者全員分の遊漁料を足すことによって，然別湖で釣りをするために遊漁者が消費した金額の総額を概算した[*1]。なお，この分析はファーストステージとセカンドステージで別々に行った。

4.1.3　結果 1：然別湖の遊漁者の消費実態

アンケート調査では 308 名から回答を得た。まず，各聞き取り項目を集計し，遊漁者の消費実態について見ていきたい。ただし，居住地についての聞き取り結果は，3.1 節ですでに記載しているので省略する。

(1) 旅行の日数と然別湖で釣りをした日数

自宅を出発してから帰宅するまでの日数は，道内在住の遊漁者では日帰りが最も多く，道外在住の遊漁者では 3 泊 4 日が最も多かった（図 4.1)。また，然

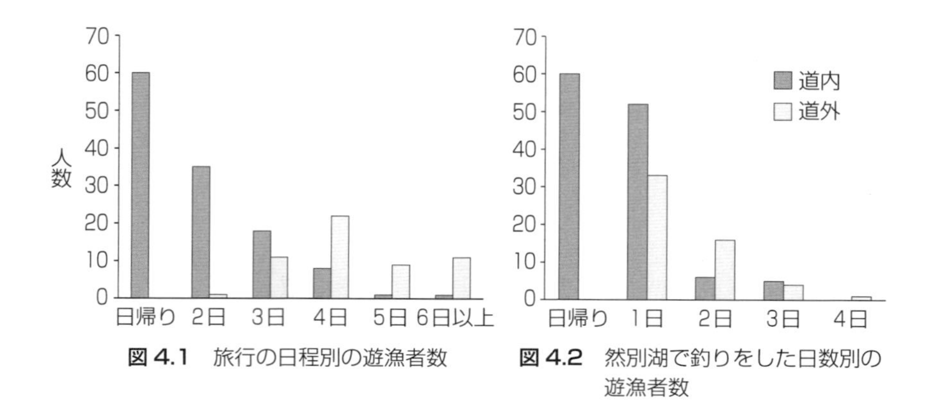

図 4.1　旅行の日程別の遊漁者数

図 4.2　然別湖で釣りをした日数別の遊漁者数

---

*1 詳細な方法については，芳山ら（2018 a）を参照されたい。

別湖で釣りをした日数は，宿泊を伴う遊漁者では居住地を問わず 1 日間が最も多かった（図 4.2）。

(2) 然別湖での釣り以外の旅行目的

然別湖での釣り以外の旅行目的は,「とくになし」と回答した遊漁者が 71 名で最も多かった（図 4.3）。次に多かった回答は「十勝管内の川での釣り」であり，全体の 29％を占めていた。然別湖での釣りを主な旅行目的としていなかった遊漁者は，解禁期間を通じて 306 人中 8 人であった。

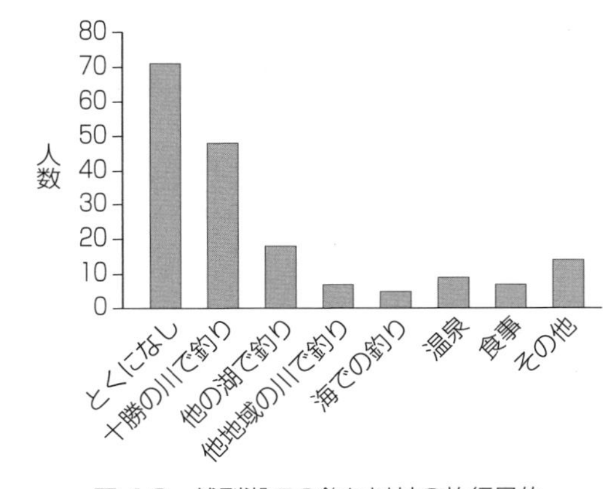

図 4.3　然別湖での釣り以外の旅行目的

(3) 宿泊地

宿泊を伴う日程で旅行していた遊漁者では，鹿追町内（然別湖畔、町内市街）での宿泊が最も多く，全体の 32％を占めていた（図 4.4）。鹿追町内以外では，帯広市内をはじめ他の十勝管内の市町村での宿泊が多く，鹿追町を含む十勝管内での宿泊は全体の 61％を占めていた。

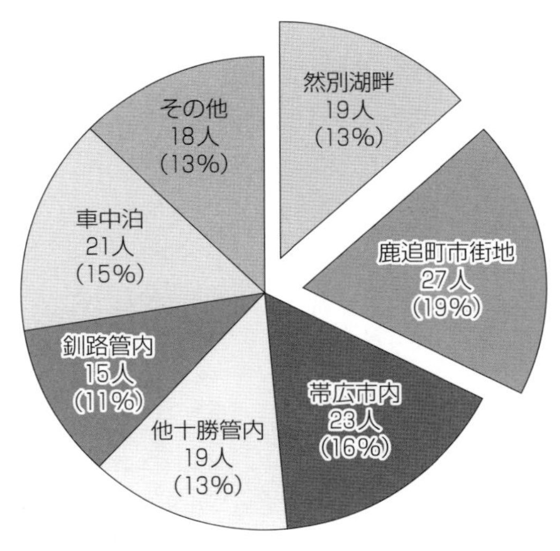

図 4.4　宿泊を伴う遊漁者の宿泊地別の人数と割合

(4) 消費金額

遊漁者が1回釣りに行くために消費した金額は，道内在住の遊漁者は1人当たり0.1～10.1万円，道外在住の遊漁者は2.0～70.0万円であった（図4.5）。また，このうち交通費と遊漁料を除いた消費金額について改めて集計した結果では，道内在住の遊漁者は0～7.8万円，道外在住の遊漁者は0.1～28.0万円となり（図4.6），多くの遊漁者が消費金額の半分近くを交通費と遊漁料として費やしていた。

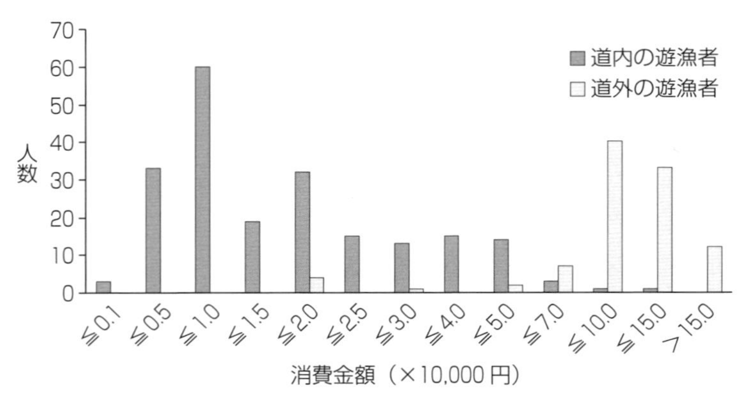

図4.5 遊漁者の旅行に伴う消費金額

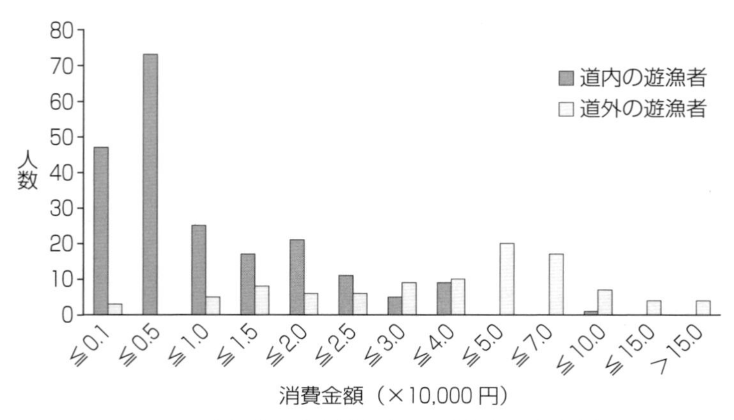

図4.6 交通費と遊漁料を除いた遊漁者の消費金額

4.1.4　結果 2：然別湖で釣りをするために遊漁者が消費した金額

7 つのカテゴリごとに，遊漁者の平均消費金額と遊漁者数を集計した（表 4.3）。遊漁者が然別湖で釣りをするために消費した金額は，ファーストステージでは 0.5～7.2 万円，セカンドステージでは 0.4～7.1 万円で，旅行の日数が多くなるほど，また道外在住の遊漁者のほうが，消費金額は多くなる傾向が見みられた（表 4.3）。北海道ツーリズム協会の集計によると，2014 年における各

表 4.3　遊漁者が然別湖で釣りをするために消費した金額の詳細

(a) 2014 年ファーストステージ

居住地 (A)	釣りに割り当てた日程 (d)	1人1回当たりの消費金額 $c_{A,d}$ (万円)		アンケート人数注) $n_{A,d}$	観測率 $p_{A,d}$	遊漁者の実人数 $Ni_{A,d}$	遊漁者の延べ人数 $Nc_{A,d}$	合計消費金額 (万円)	
		総額	交通費・遊漁料以外					総額	交通費・遊漁料以外
道内	日帰り	0.52	0.23	60	0.31	192.0	192.0	99.8	44.1
	1日+宿泊	1.6	0.87	50	0.31	160.0	160.0	252.8	139.2
	2日+宿泊	2.7	1.5	6	0.53	11.4	22.8	30.6	17.1
	3日以上+宿泊	1.3	1.0	5	0.68	7.4	22.2	9.6	7.4
道外	1日+宿泊	5.5	1.6	29	0.30	96.5	96.5	531.6	154.4
	2日+宿泊	7.0	1.9	15	0.51	29.4	58.7	204.4	55.8
	3日以上+宿泊	7.2	1.8	5	0.66	7.6	22.8	54.5	13.7
合計				170		504.3	575	1183.3	431.7

(b) 2014 年セカンドステージ

居住地 (A)	釣りに割り当てた日程 (d)	1人1回当たりの消費金額 $c_{A,d}$ (万円)		アンケート人数注) $n_{A,d}$	観測率 $p_{A,d}$	遊漁者の実人数 $Ni_{A,d}$	遊漁者の延べ人数 $Nc_{A,d}$	合計消費金額 (万円)	
		総額	交通費・遊漁料以外					総額	交通費・遊漁料以外
道内	日帰り	0.35	0.12	41	0.33	125.0	125.0	43.9	14.9
	1日+宿泊	1.9	1.2	43	0.33	131.1	131.1	249.0	157.3
	2日+宿泊	1.9	1.0	3	0.55	5.5	10.9	10.4	5.5
	3日以上+宿泊	n.d.	n.d.	0	0.70	0.0	0.0	0.0	0.0
道外	1日+宿泊	5.6	1.8	23	0.31	75.0	75.0	419.7	134.9
	2日+宿泊	5.6	2.4	13	0.52	25.0	50.0	140.1	60.1
	3日以上+宿泊	7.1	2.1	6	0.67	9.0	27.0	63.9	18.9
合計				129		370.6	419	927.0	391.6

注）然別湖の釣りを主目的としていなかった遊漁者は人数に含まれていない。

表 4.4　然別湖の遊漁者の消費金額分析の集計結果（単位：万円）

解禁期間	消費金額総額（遊漁料以外）	遊漁料	合計	うち交通費・遊漁料以外
ファースト	1183.3	230.0	1413.3	431.7
セカンド	927.0	167.6	1094.6	391.6
合計	2110.3	397.6	2507.9	823.3

解禁時期の延べ遊漁者数は，ファーストステージでは道内在住 397 人，道外在住 178 人であり，セカンドステージではそれぞれ 267 人，152 人であった。これら一連の計算の結果，2014 年の然別湖特別解禁における遊漁者の消費金額は，ファーストステージ 1183.3 万円，セカンドステージ 927.0 万円，合計 2110.3 万円と推計された（表 4.3）。この金額に遊漁料（994 人 × 4000 円 = 397.6 万円）を加えた消費総額は 2507.9 万円と推計された（表 4.4）。

また，遊漁者の消費実態を鑑みて，交通費と遊漁料を除いた消費金額についても集計し，823.3 万円と推計された。

4.1.5　考察 1：アンケート調査に見る釣り人の消費実態

本節の目的は，然別湖に釣りに来た人の消費実態とその消費金額について具体的に示すこと，そして然別湖遊漁解禁によって鹿追町内で消費された金額を明らかにすることである。まずは，アンケート調査の結果から，釣り人の消費実態について見ていきたい。

然別湖での釣り以外の旅行の目的について聞き取った結果では，回答のうち 40 % が「とくになし」であった。つまり，釣り人の 4 割は，然別湖での釣りを唯一の目的としていたということである。なかには，然別湖で釣りをするためだけに泊りがけで旅行していた人も見られた。さらに，それ以外の釣り人の大多数も，複数ある旅行目的のうち「然別湖での釣り」をいちばんの目的に挙げており，その他の目的もほとんどすべてが「釣り」であった。こうした結果から，然別湖の釣り人は旅行のなかでほぼ「釣り」しかしていないと考えられる。

また，消費金額について聞き取った結果では，釣りに行くために消費した金額の半分を交通費が占めていた。また，上記のとおり「釣り」以外のことをほとんどしていないと想定されることから，交通費と遊漁料を除いた消費金額は，ほとんどが宿泊滞在費や食費であると考えられる。よって，交通費を除いた消費金額ほぼすべてが地域経済にもたらされうるものであり，少なくとも道内で消費されていたと考えられる。

4.1.6　考察 2：釣り人が然別湖で釣りをするために消費した金額

4.1.4 項で示したように，2014 年の然別湖特別解禁で釣り人が然別湖で釣りをするために消費した金額は，総額で 2507.9 万円と推定された。これは，然別湖特別解禁がなければ消費されていなかった金額である。そして，釣り人の多くはミヤベイワナを狙って訪れており，ニジマス狙いの釣り人もできればミヤベイワナも釣りたいという意思を有していた（詳細は 3.2 節を参照）。よって，釣り人が然別湖で釣りをするために消費した金額の総額は，「釣りによって高められた然別湖のミヤベイワナの経済的価値」と解釈することができる*[2]。また，交通費と遊漁料を除いた消費金額（823.3 万円）については，釣り人の消費実態から，上述のミヤベイワナの経済的価値のうち地域経済へ直接還元されうる金額であると考えられる。

ちなみに，同様の調査を 2016 年の解禁でも実施した（芳山ら, 2018 b）。その結果，ファーストステージの消費金額は 2077.2 万円，セカンドステージは 826.6 万円であり，合計 2903.8 万円と推定され，遊漁料を加えた金額は 3328.2 万円となった。このうち，交通費と遊漁料を除いた金額は 948.0 万円と推定された。2016 年は 2014 年に比べて，消費総額は 1.3 倍，交通費と遊漁料を除いた金額は 1.2 倍となっていた。解禁を通じた遊漁者数が 2016 年は道外在住の釣り人を中心に増加していたことが理由であると考えられる。

このように，ミヤベイワナを主な対象とした遊漁解禁によって，毎年 2000

*[2] この金額が「ミヤベイワナの経済的価値」のすべてではないという点に留意されたい。このほかにも，たとえば，ミヤベイワナが然別湖の象徴として存在することにより遊漁とは別に生じる価値や，その存在そのものに見いだされる価値など，環境経済学的観点から導かれる経済的価値が存在する。この金額は「数あるミヤベイワナの経済的価値の一部である」と捉えてほしい。

万円以上の消費活動が起こっており，この事実は，然別湖のミヤベイワナを保全する経済的根拠となるだろう。

4.1.7 考察 3：鹿追町内で消費された総額

上記のとおり，然別湖での遊漁解禁の結果，総額 2507.9 万円が釣り人によって消費され，このうち 823.3 万円が地域経済のなかで消費されうると考えられた。「釣りを活用した地域振興」ということを念頭に置くと，実際に地元の鹿追町内でどれくらいの金額が消費されたのかが気になるところである。

釣り人は「釣り」に直接かかわること以外に消費をしていないと考えられたことから，宿泊を伴う釣り人の場合，交通費と遊漁料を除いた金額の大半は宿泊費であると考えられる。そこで，交通費と遊漁料を除いた消費金額について，宿泊を伴っていた人に限定して集計すると，764.3 万円であった。次に，釣り人の宿泊地を見ると，32 % の人が鹿追町内で，範囲を十勝管内に広げるとその割合は 62 % であった。ここで，釣り人の消費実態から，宿泊を伴う釣り人の交通費と遊漁料を除いた消費金額は，宿泊地別の釣り人の人数の割合に比例して各地域のなかで消費されたと仮定し，鹿追町内ならびに十勝管内での消費金額を概算した。その結果，鹿追町内では 244.6 万円（764.3 万円 × 0.32），十勝管内では 466.2 万円（764.3 万円 × 0.61）が消費されたと考えられた。なお，ここでは日帰りの釣り人が各地域で消費した金額については一切考慮していないことから，過小気味の概算となっている点に留意されたい。

同様の分析を，2016 年の調査結果についても行った。その結果，鹿追町内での消費金額は 248.4 万円と推定された。2016 年は消費総額も交通費と遊漁料を除いた金額も増加していたにもかかわらず，鹿追町内での消費金額はほとんど変化がなかったのである。アンケート調査で宿泊地について聞き取りを行った際，「本当は鹿追町内で泊まりたかったが，空室がなく泊まれなかった」という声が 2014 年と 2016 年の両方で聞かれた。地域経済のなかでの消費が宿泊に限定されていることから，ここで推定された鹿追町内での消費金額は上限値なのかもしれない。しかし，潜在的な鹿追町内での消費金額は，この金額を上回っている可能性がある。消費金額の大小についての議論はここでは避けるが，宿泊という点においては少なくとも鹿追町内での供給量をすべて満たしていると思われ，地域経済に良い影響を与えているといえるだろう。

4.1.8　まとめ

本節では，然別湖へ来た釣り人について経済という視点から調査を行い，消費実態とその金額について明らかにした。その結果，①多くの釣り人は旅行中に「釣り」以外のことはほとんどしていない，②消費金額の半分は交通費だが，交通費と遊漁料を除いたほとんどは宿泊滞在費として消費している，といった実態がわかった。また，解禁期間を通じて 2507 万円が消費されていたことが明らかになったとともに，地域経済にも直接還元されていたと考えられた。こうした結果から，然別湖における遊漁解禁は，ミヤベイワナを保全する経済的根拠を強めるとともに，地域振興の役割も担うものであるといえるだろう。

4.2　然別湖における遊漁解禁の費用対効果 ―費用便益分析

上記のとおり，然別湖で遊漁が解禁されることによって，釣り人による消費活動が誘発され，それが地域経済にも還元されていることがわかった。然別湖が所在する鹿追町は，固有種であるミヤベイワナを保全しながら持続的に資源として活用することを目的として，然別湖において漁業権（第 2 種区画漁業権）を保有している（平田, 1993; 鹿追町役場, 1994）。以前は町が遊漁の管理業務を行っていたが（鹿追町役場, 1994），管理業務の質の向上と行政コストの削減を目的に，2005 年より NPO 法人北海道ツーリズム協会（以降，協会と表記）に業務委託し，「グレートフィッシング in 然別湖」（以降，GFS と表記）と称して遊漁を解禁するようになった（武田, 2005）。鹿追町は GFS を，魚類資源調査ならびに地域振興策として位置付けており，この目的に見合った遊漁解禁を継続するために，毎年，町の財政から拠出を続けている。

遊漁規則によって遊漁によるミヤベイワナ資源の減耗は無視できる程度に抑えられており（2.3 節），さらに遊漁者の釣果報告から資源の増減をモニタリングできることが明らかになった（2.2 節）。よって，GFS の資源調査という目的については，妥当性があるといえる。一方，GFS の地域振興策としての妥当性については，遊漁解禁を継続するための費用と，遊漁解禁によって得られる地域振興策としての便益を精査して明らかにし，この 2 つを比較・分析することで評価できると考えられる。このように，ある事業などについて費用と便益を精査して比較する分析を，費用便益分析という。本節では，然別湖の遊漁において費用便益分析を行う。

なお，これ以降，町と協会が然別湖において遊漁を解禁することそのものを「遊漁解禁」，協会による遊漁解禁の管理運営事業のことを「GFS」と表記する。

4.2.1　調査方法 1：遊漁解禁にかかる費用の精査

鹿追町は然別湖において漁業権を行使し，①遊漁解禁による資源利用，②ミヤベイワナの孵化事業による資源増殖を行っており，費用負担構造は図 4.7 のようになっている。そこで，これら 2 つの事業を実施するためにかかる費用を精査した。なお，本研究で用いたデータについては，鹿追町商工観光課ならびに協会から提供され，使用および公表の許可を得たうえで分析に用いた。

(1) 遊漁解禁の管理業務にかかる費用

町は遊漁解禁に必要な現地での管理業務を協会へ委託するにあたり，管理委託料を支払っている（図 4.7）。管理委託料は協会が 1 年間 GFS を運営するために必要となる費用の見積もりを元に，協会と町との合意によって金額が決定されている。

一方，遊漁者が然別湖で釣りをする際に支払う遊漁料については，然別湖魚族資源保護条例（以降，条例と表記）に基づき，いったん協会が遊漁者から徴収した後，その全額を町に納めている（図 4.7）。また，遊漁者向けのレンタルボートについて一部を町が保有しており，町保有分のボートのレンタル料につ

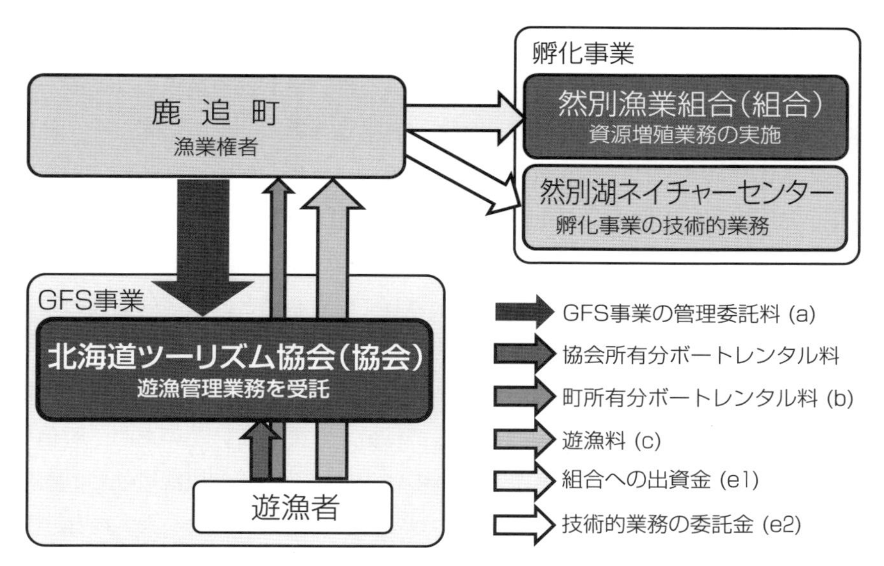

図 4.7　然別湖における遊漁解禁の費用負担構造。凡例中の記号は表 4.5 中の記号に対応している。

いても同様に，協会がいったん遊漁者から領収した後，町へ納めている（図 4.7）。

町は遊漁料やボートのレンタル料で得た収入を管理委託料の財源に充てており，不足分が町の財政から拠出されている。そのため，本研究では管理委託料から遊漁料およびボートのレンタル料による収入を差し引いた金額を，遊漁解禁のために町が実質負担する金額とみなした。ただし，この金額は毎年の遊漁者数により変動するため，現行の管理体制となった 2005 年以降の平均金額を用いた。

(2) ミヤベイワナの孵化事業にかかる費用

鹿追町は然別湖の流入河川において，ミヤベイワナの孵化事業を実施し，種苗放流を行っている（鹿追町役場, 1994）。この孵化事業は遊漁のための資源増殖を目的とはしていないが，漁業権の行使そのものであり，釣獲尾数や遊漁の質に影響を及ぼすものであることから，本研究では遊漁解禁の費用とみなした。

鹿追町では条例に基づき，孵化事業の実施を目的に然別漁業組合（以下，組合と表記。なお，水産業協同組合法に基づき設立される「漁業協同組合」とは異なるものである点に留意されたい）を設置し，毎年一定額の運営費用を出資している（図 4.7）。また，孵化事業の技術的業務については，2014 年以降，民間団体である然別湖ネイチャーセンターに委託している（図 4.7）。本研究では，町が孵化事業を行うために組合に出資している金額と，技術的業務の委託費用の合計を，孵化事業に拠出した費用とした。

ただし，孵化事業で生産したミヤベイワナ種苗は，放流に用いられるだけでなく，町内の養殖業者に町の特産品として供給されている。そのため，孵化事業に拠出した費用に，ミヤベイワナ種苗の総生産尾数のうち放流に使われた尾数の割合を乗じた金額を，遊漁解禁における孵化事業の費用とした。孵化事業に拠出した費用については，2016 年は台風による災害の影響で例年とは異なる決算となっていたため，2015 年の実績を参照した。種苗の生産尾数と，養殖業者への出荷尾数は，2007 年から 2015 年までの平均値を用いた。

4.2.2　調査方法 2：遊漁解禁による便益の精査

GFS による便益は，町が遊漁解禁の目的の一つに地域振興を挙げていることから，遊漁者が地域経済で消費した金額（遊漁料を除く）の他に，GFS そのものによって生じる雇用や，運営の際に発生する需要についても加味するために，GFS を開催するための協会の人件費，GFS の設備の設営・撤収作業費を，遊漁解禁によって生じる便益とみなした。

(1) 遊漁者が地域経済で消費した金額

遊漁者が地域経済で消費した金額については，2014 年における研究結果（4.1 節）を用いた[*3]。この結果では，鹿追町内では宿泊や食事といった遊漁者

[*3] 然別湖における遊漁者の消費金額については，2016 年においても推定されている。しかし，2016 年はセカンドステージの直前に台風の被害を受け，この影響で多数の予約キャンセルが生じたことから，本来得られるべき便益を十分に反映していないと考えられた。そのた

の需要を満たしきれておらず，潜在的な消費はこの金額を上回っている可能性があった。そこで，本研究では鹿追町内での消費金額と十勝管内での消費金額をそれぞれ便益として扱った 2 通りの試算を行った。

(2) GFS を開催するための協会の人件費

遊漁解禁にあたり，必要な実務を協会に委託することで，町内で新しく雇用が創出される。そこで，本研究では GFS を 1 年間運営するためにかかる協会の人件費（遊漁解禁期間以外の宣伝広告や準備にかかる費用を含む）を，遊漁解禁の便益とみなした。また，協会は遊漁解禁期間のうち，多くの遊漁者の予約が見込まれる土日祝日は，正規職員の他にボランティアスタッフを増員して対応している。このボランティアスタッフに対して謝金などは支払われていないが，宿泊費は協会が負担している。ほとんどのボランティアスタッフは鹿追町内で宿泊しているため，この宿泊費についても便益とみなした。これらの人件費，宿泊費については，2015 年の GFS 収支決算からデータを取得した。

(3) GFS の設備の設営・撤収作業にかかる費用

然別湖周辺は環境省により大雪山国定公園に指定されている。そのため，受付事務所やボートの発着に使われる桟橋は仮設のもので，遊漁解禁期間の前後に設置ならびに撤去されている。設営および撤収作業や修繕はすべて町内の業者に発注されており，巡視船の燃料などの運営に必要な物品もほぼすべて鹿追町内の業者から調達されている。こうした実情から，設備の設営・運営・撤収にかかる費用は，名目上「費用」であるものの，すべて鹿追町内の業者の収入となるため，便益とみなした。設備の設営および撤収にかかる費用は，2015 年の GFS 収支決算からデータを取得した。

め，2016 年の結果は用いなかった。

4.2.3　調査方法 3：GFS における収支

遊漁解禁による便益が実際の運営を担う協会にも損失なく享受されるためには，GFS の運営に必要な費用が，協会の収入の範囲内に収まる必要がある。そこで，GFS の運営における収入と支出を比較した。GFS の収入および支出に関するデータは，2015 年の GFS 収支決算から取得した。

4.2.4　結果 1：費用と便益の算出

(1) 遊漁解禁にかかる費用

現行の管理体制になった 2005 年からの 11 年間，管理委託料は 493.5～529.5 万円の範囲であり，その平均額は 511.2 万円であった。一方，遊漁料およびレンタルボート収入を差し引いた実質の町の負担金額は 10.7～158.5 万円の範囲であり，平均は 84.9 万円であった。本研究ではこの金額（84.9 万円）を遊漁解禁の管理業務にかかる 1 年間の費用とした。

町が孵化事業に拠出した費用は，組合に出資した金額が 71.5 万円，然別湖ネイチャーセンターに技術的業務を委託するために支払った委託料が 180.0 万円，合計 251.5 万円であった。また，2007～2015 年において，孵化事業で生産されたミヤベイワナ種苗のうち放流に用いられた尾数の割合は，平均して

表 4.5　然別湖の遊漁解禁における費用と便益

費用（万円）		便益（万円）		
(a-b-c=d)		遊漁者の消費金額	(f1) 鹿追町内	244.6
管理委託料における鹿追町の拠出額（万円）	84.9		(f2) 十勝管内	466.2
(e) 孵化事業への拠出額（万円）	178.3	(g) GFS 注3) における人件費		382.9
([e1+e2] ×e3)		(h) GFS 注3) のボランティアスタッフの宿泊費		20.5
(e1) 組合注1) への出資額（万円）	71.5	(i) 設備の設営･運営･撤収にかかる費用		66.0
(e2) 技術的業務の委託費注2)（万円）	180.0			
(e3) 放流に用いた種苗の割合（%）	70.9			
合計（d+e）	263.2	合計	鹿追町内（f1+g+h+i）	714.0
			十勝管内（f2+g+h+i）	935.6

表中の記号のうち a，b，c，e1，e2 は図 4.7 中の記号に対応している。
注 1）組合：然別漁業組合
注 2）然別湖ネイチャーセンターに委託
注 3）GFS：然別湖特別解禁“グレートフィッシング in 然別湖”事業

70.9％であった。よって，然別湖での遊漁における孵化事業の費用は 178.3 万円と算定された（表 4.5）。

以上の結果を合計し，遊漁解禁にかかる費用は 263.2 万円となった。

(2) 遊漁解禁による便益

遊漁解禁期間中に，遊漁者が然別湖で釣りをするために消費した金額は，鹿追町内では 244.6 万円，十勝管内では 466.2 万円であった（4.1.7 項；表 4.5）。また，協会が GFS を運営するためにかかった人件費は 1 年間で 382.9 万円，ボランティアスタッフの宿泊費は 20.5 万円であった。これらに加え，GFS の運営に必要な設備を設営・運営・撤収するためにかかった費用は総額 66.0 万円であった。

以上の結果から，然別湖で遊漁を解禁した結果として発生している便益は，鹿追町内では 714.0 万円，十勝管内では 935.6 万円と算出された（表 4.5）。

4.2.5　結果 2：費用便益分析の結果

遊漁解禁にかかる費用に対する便益の比は，鹿追町内では 2.7 倍，十勝管内では 3.6 倍となり，いずれにおいても費用は便益を上回っていた。

4.2.6　結果 3：GFS の運営管理業務における収支

2015 年の GFS における収支を表 4.6 に示す。GFS の運営にかかる費用に充てる協会の財源は，町から支払われる管理委託料と，協会が保有するボートのレンタルによる収入であり，収入の合計は 617.4 万円であった。一方，GFS の運営にかかった費用は 608.0 万円であった。

表 4.6 2015 年然別湖特別解禁“グレートフィッシング in 然別湖”事業の収入と支出

収入（万円）		支出（万円）	
管理委託料	529.5	人件費（6 名分，1 日当たり 3～6 名）	382.9
協会所有分のボートレンタル収入	87.9	設備の設営・運営・撤収費用	63.2
		事務作業における費用（釣果報告など）	112.3
		広告宣伝費	17.3
		ボランティアスタッフの宿泊費	20.5
		調査費	5.6
		修繕費	2.8
		保険料	3.4
		次年度繰越金	9.4
合計	617.4	合計	617.4

4.2.7 結果の総括と考察

然別湖を訪れた釣り人による消費総額と，実際に地域経済へ還元された金額については前節で明らかになったが，本節では釣り人の消費活動による地域振興策としての役割に着目し，費用便益分析を行った。その結果，遊漁解禁の地域振興策としての効果（＝便益）は，必要となる費用を上回っていた。さらに，GFS を運営する協会は，2012～2016 年の 5 年間において，多くの年で収入が支出を上回っていた。これらの結果から，然別湖における遊漁解禁は，地域振興策としての役割を果たしているといえるだろう。

4.2.8 結果を解釈するうえでの注意点

本節では，然別湖における遊漁解禁について費用と便益の精査を行ったが，この結果を解釈するにあたり，いくつか注意しなければならない点がある。

(1) 孵化放流の費用に対する考えかた

遊漁解禁の費用として，孵化事業にかかる費用を算入した。然別湖におけるミヤベイワナの孵化事業は，鹿追町が然別湖の自然環境を維持することを目的として実施しているものであり，遊漁のための資源増殖を目的としていない。さらに，孵化事業で得られるミヤベイワナ種苗の一部は，特産品として活用するために町内の養殖業者へ供給されている。このような実情から，然別湖における孵化放流の費用は，必ずしも遊漁解禁のみによって回収されるべきものではないといえる。よって，孵化放流に掛かる費用を算入する場合，本来であれば遊漁以外のミヤベイワナ資源の直接的な利用価値に加え，間接的な利用価値や，存在価値，遺産価値（環境や資源を将来世代に残したいという意思により生じる経済価値）といった，環境経済学的な視点に基づく価値についても考慮する必要があると考えられる（栗山・馬奈木, 2016）。本節で扱った便益は，あくまでミヤベイワナを遊漁資源として活用したときに生じる便益に限定されており，「然別湖に生息するミヤベイワナの経済的価値」としては過小評価している。このため，孵化放流の費用については相対的に過大評価している点に注意を要する。しかし，それにもかかわらず，鹿追町内と十勝管内の両方のスケールにおいて，便益が費用を上回る結果となった。したがって，費用よりも便益のほうが大きいという結果は，確実性が高いものであると考えられる。

(2) GFS の収支と管理委託料

然別湖における遊漁解禁の管理体制について，「自治体が GFS を実施している協会に補助金を出して運営を支えている」と解釈されることがよくある。しかし，この解釈は間違いである。そもそも，然別湖の漁業権を持つのは協会ではなく町であり，遊漁解禁の権限は NPO 法人にはない。よって，あくまで遊漁解禁の意思決定者は町であり，協会は管理運営を受託する立場である。また，町は協会に管理委託料を支払っているが，この金額は町と協会の合意の下で決まっている。このように，協会はあくまで町との委託契約の下で遊漁解禁の運営管理（GFS）を担っているということを理解してほしい。

(3) 町が協会に支払う管理委託料の金額

2015 年における GFS の収支決算では，収入が支出を 10 万円弱上回り，次年度に繰り越される形となっていた。この結果から，「剰余金が生まれているのであれば，町の補助金が過剰であり，地域振興策のための費用として妥当ではない」と思われがちである。しかし，これも間違いである。

まず，上述のとおり，町が協会に支払っているものは補助金ではなく管理委託料であり，町と協会の合意の下で金額が決定されている。そのため，協会の経営努力などの結果として剰余金が生じても問題はないと考えられる。

さらに，NPO 法人は利潤を追求する団体ではないとはいえ，経営を維持するためにある程度の余剰金は必要不可欠であると指摘されている（田中ら, 2008; 淺野ら, 2010）。遊漁は自然の下で行われるため天候の影響を受けやすく，不確実な要因により予定した収入が得られない可能性がある。たとえば，2016 年はセカンドステージ直前に台風が然別湖を襲い，大規模な被害を受け，遊漁料収入だけで 42.3 万円の利益が失われた。こうしたことから，天候不順や台風などの天災に対する財務的な備えが必要であると考えられる。その一つとして，解禁の日程が順調に経過した年であれば，次年度繰越金や内部留保に充てることができる余剰が生じることが望ましい。このような事実から，剰余金の存在をもって管理委託料が過剰であるとはいえない。

GFS における 2012～2016 年の繰越金の平均額は，同期間における遊漁料収入の標準偏差を下回っていた（遊漁料はすべて町の収入となる点に留意されたい）。さらに，剰余金の存在があっても，遊漁解禁の便益は費用を上回っていた。よって，管理委託料は妥当な範囲であり，剰余金についても許容される範囲であると考えられる。

なお，2015 年に繰越金が生じた理由として，荒天によって遊漁を中止しなければならない日が平日 1 日のみであったことと，設備の修繕費が少額であったことが挙げられる。

4.2.9　まとめ

然別湖の遊漁では，行政と，地元の人材で構成される民間団体が協働して，地域の自然という資源と人材を活用し，固有種ミヤベイワナをはじめとした然別湖の魚類資源を適切に利用することで，地域経済での消費とともに雇用も生んでいた。そして，然別湖の遊漁解禁により生じた便益は，町が遊漁解禁やミヤベイワナ資源の維持に投じた費用を上回っていた。よって，然別湖における遊漁解禁は，地域振興策としての目的を果たしているといえるだろう。本節で評価された便益は，遊漁が解禁されていなければ生じなかったものである。然別湖における遊漁解禁の取り組みは，ミヤベイワナの社会的・経済的価値を高めているといえるだろう。

第５章

然別湖における遊漁管理と希少魚を対象とした遊漁の意義

本書の目的は，的確な管理の下での持続的な遊漁が，希少魚の保全策として，また地域振興策として展開できるということを，北海道然別湖を舞台にして科学的根拠から説明することであった。そして，魚類資源，釣り人，経済の3つの異なる視点から各種調査研究を行い，多くの科学的知見を得ることができた。本章では，一連の研究結果を基に，然別湖における遊漁をミヤベイワナの保全策として位置付け，さらに地域振興にもつなげていくための管理指針を検討する。さらに，然別湖の枠を超えて，希少魚を対象とした遊漁の意義とその可能性について提唱したい。

まず，然別湖における遊漁の持続性について，資源の維持と，経営の維持という2つの観点から検証する。次に，然別湖における遊漁の管理指針を示す。そして最後に，希少魚をあえて釣り資源として活用することの意義について提唱する。

5.1　然別湖における遊漁の持続性

5.1.1　遊漁規則の妥当性

遊漁による圧力を抑える方法として遊漁規則の制定があり，これは遊漁を持続的に継続するための重要な要素である（Randomski et al., 2001; 中村・飯田, 2009; Cooke et al., 2016）。然別湖における遊漁規則では，遊漁によるミヤベイワナ個体群への圧力の低減を目的として，①ミヤベイワナのキャッチ＆リリースおよび漁具・釣りかたの制限，②遊漁者数の制限が定められている。ここで，これらの遊漁規則が，その意義や意図に沿ったものであるか検討する。

(1) ミヤベイワナのキャッチ＆リリースおよび漁具・釣りかたの制限

遊漁対象種のうち，ミヤベイワナは然別湖の固有種であり，個体群の保全と遊漁資源としての活用を高度に両立させる必要がある。この目的を達成するために，ミヤベイワナのキャッチ＆リリースを遊漁規則で定めている（佐々木, 2006)。本研究の結果から，現在の遊漁におけるミヤベイワナのキャッチ＆リリース後の死亡率は 1.8％であり，遊漁が資源へ与える圧力は無視できるほど小さいものであると評価された。よって，ミヤベイワナのキャッチ＆リリースは目的に見合った遊漁規則であるといえる。さらに，遊漁規則によって釣りかたと漁具が制限されているが（シングルバーブレスフックを用いたルアー/フライフィッシング限定)，これらはキャッチ＆リリースを実効性のあるものとするうえで有効であることが，多くの先行研究で明らかになっている（Taylor and White, 1992; Cooke and Phillip, 2001; 土居ら，2004; Cooke and Suski, 2005; Arlinghaus et al., 2007 など)。

さらに，釣りかたの制限は資源のうちの釣られる割合（＝漁獲効率）という点においても，遊漁による圧力の低減に寄与していると考えられる。餌釣りとミヤベイワナの持ち帰りが認められていた 1995 年の然別湖では，1 人 1 日当たりのミヤベイワナの平均持ち帰り尾数は 5.88 尾/人·日であり，このときの資源量は 1 万 3880 尾であった（北海道立水産孵化場, 1995; 平田, 1997)。ここで，当時の遊漁でのミヤベイワナの漁獲効率を求めると，0.15 ha/人となった。これは，2015 年のルアー/フライフィッシングのみでの漁獲効率 0.04 ha/人[*1] の約 3 倍である[*2]。さらに，1995 年では持ち帰られた尾数に加え，記録に残っていないリリースされた（あるいは投棄された）ミヤベイワナもいることが想定されることから（平田, 1993, 1997; 佐々木, 2006)，実際の釣獲尾数およ

[*1] ルアー，フライの両方の遊漁者を合わせた漁獲効率。データは 2.4 節のものを使用。

[*2] 1995 年当時における餌釣り/ルアー/フライの遊漁者の比率は不明だが，ミヤベイワナ遊漁では資源量が多いほど漁獲効率が高くなると考えられたにもかかわらず（2.2 節)，餌釣りを含む 1995 年のほうが資源量の多い 2015 年よりも漁獲効率が高いことから，餌釣りのほうがルアー/フライフィッシングよりも漁獲効率は高いと考えられる。

び漁獲効率はさらに高いと思われる。こうした根拠から，釣りかたの制限（ルアー/フライフィッシング限定，餌釣りの禁止）は，漁獲効率の低減という観点でも有効な規制であるといえる。

然別湖におけるミヤベイワナ資源は固有の個体群であることから，慎重で予防的な管理方策がとられることが望ましい。Cooke et al.（2016）は，希少魚を対象とした遊漁について世界各国の複数の事例を参照し，原則としてキャッチ&リリースで行われるべきであると提言している。こうした背景から，ミヤベイワナを対象とした遊漁では，限られた人的・金銭的費用のなかで，希少魚を資源として利用しながら保全することが可能な範囲に圧力を抑えるために，ルアー/フライフィッシングに限定したキャッチ&リリースによる遊漁が望ましいといえるだろう。

(2) 遊漁者数の制限

現行の遊漁規則において，遊漁によるミヤベイワナ資源の減耗は資源の 0.1 % 以下に抑えられていた。よって，現在の遊漁者数制限（1 日 50 人）は，資源の規模に対する遊漁の圧力としては十分に低く，むしろ引き上げる余地もあると考えられる。遊漁者数の制限を緩和することにより，遊漁料収入の増加が見込め，より多くの遊漁者に対して然別湖の生態系サービスを享受する機会を提供できる。

一方で，現行の遊漁管理体制では，ウェブサイトを主とした予約制先着順による遊漁者数の管理と把握や，遊漁者からの釣果報告データの収集と集計，遊漁者の出船から帰港までの対応といった，資源や遊漁者の満足度を維持するための業務に多くのコストがかかっている。そのため，遊漁者数の増加に伴い，こうした管理業務の継続が困難になる可能性がある。さらに，遊漁者数の増加により遊漁者の満足度が低下することも想定される（Johnston et al., 2010）。

よって，遊漁者数の引き上げについて検討する場合，資源への影響だけでなく，運営・管理業務の維持や，遊漁者の満足度の観点からも検討すべきだろう。

5.1.2　遊漁管理の経営基盤

内水面における遊漁の持続性を検討するためには，遊漁管理の経営の持続性についても考慮しなければならない。経営を支える基盤を構成する主な要素として，サービス，組織・人材，財務・コストの 3 つが挙げられる。ここでは，然別湖における遊漁に関してこれら 3 つの持続性について検証する。

(1) サービス

然別湖における遊漁のサービスについては，遊漁者を満足させるのに十分な水準のものが提供されているといえる。3.1 節に示した満足度の評価（0〜5 の 6 段階評価）が 3 あるいは 4 あればリピーターになりうると考えられたが，多くの遊漁者が 3 以上，4 割近くの遊漁者が 4 以上の評価をしていた。

これらの遊漁者は，満足度を得るうえで十分な釣果を得ていたことに加え，然別湖の環境や釣り場としての雰囲気なども評価理由に挙げていた。さらに，遊漁者は然別湖の釣果情報を参考にして訪れていたと考えられることから，遊漁者の釣果報告に基づく釣果情報のウェブサイトを通じた発信も，遊漁を維持するうえで重要なサービスであるといえる。こうしたサービスが継続された結果，2006 年から 2015 年にかけて遊漁者数は増加傾向で推移しており，遊漁管理の持続性において重要なリピーターの割合も 2014 年から 2016 年にかけて一貫して多数を占めていた。

(2) 組織・人材

然別湖における漁業権者は鹿追町であり，遊漁を解禁する権限は鹿追町が有する。しかし，町単独では遊漁管理を運営するノウハウが不足していたことに加え，行政コストがかさむため，現地での遊漁管理業務は地元の NPO 法人である北海道ツーリズム協会に委託されている（武田, 2005）。協会には遊漁や魚類資源，気象，船舶，さらにはウェブサイトや組織の運営管理といった，現在の遊漁管理を支えるために必要となる専門知識を持つさまざまな人材が所属している。つまり，漁業権という明確な管理権限を持つ自治体（鹿追町）と，遊漁解禁に必要な知識・技術を持つ地元の民間団体が協働することにより，必要なサービスが維持されているといえる。

然別湖における遊漁は，主な遊漁対象種が固有種であり，遊漁による圧力を厳格に制御し，遊漁者数と解禁日数を限定しながら高度な管理を実施しなければならず，一般的な遊漁に比べて制約の大きい特殊な事例である。このような事例において，自治体と民間団体の協働は必要な遊漁管理の質を維持するうえで効果的な方策であると考えられる。

(3) 財務・コスト

然別湖における遊漁解禁は，収入の範囲で必要な費用を賄えており，その管理業務の質も希少魚ミヤベイワナを対象に遊漁を持続するうえで満足なものであった。ただし，漁業権者の鹿追町から北海道ツーリズム協会に支払われる管理委託料が遊漁解禁にかかる費用の主要な財源となっている。管理委託料の財源の多くは遊漁料収入であるが，2005～2015 年の平均では 16.6 % が町の財政から拠出されていた（4.2.4 項）。鹿追町は然別湖で遊漁解禁する目的として地域振興を挙げており，協会へ支払う管理委託料は，然別湖における魚類資源を活用した地域振興策，ならびに然別湖の魚類資源調査を目的として拠出していた。

鹿追町は漁業権者であることから遊漁解禁の権限を有し，政策的意図から 1993 年以来，遊漁解禁のために拠出を続けてきた。しかし，拠出額に対して妥当な効果が得られなければ拠出の継続は困難であり（武田, 2005），遊漁解禁への投資と政策的意図に見合った効果のバランスが財務の持続性を検討するうえで重要であると考えられる。そこで，然別湖における遊漁の費用対効果を分析した結果，遊漁解禁による地域振興策としての便益は，町が拠出した費用を上回っていた。さらに，遊漁者の釣果報告により資源水準を把握することができると考えられ，釣果報告は資源調査としての役割も持つ。よって，遊漁解禁は地域経済の活性化と然別湖における魚類資源調査の両方の目的を満たしており，費用対効果に見合っていたといえる。この結果は，鹿追町による遊漁解禁への拠出を継続する根拠となると考えられる。

遊漁解禁の収支についてより詳細に議論する場合，遊漁者の消費による税収増についても言及する必要があるかもしれない。しかし，鹿追町は管理委託料や孵化事業にかかる費用について，町内の自然環境の保護や産業の維持，および漁業権の保持のために必要不可欠な費用として認識しており，遊漁解禁にかかる費用は完全に回収されるべきであるという立場はとっていない（鹿追町役場, 2017年9月28日聞き取り；平田, 1993 b）。よって，本研究では町の政策的拠出の妥当性をもって財務の持続性とみなし，より詳細には言及しなかった。

(4) 結論

以上の一連の結果から，然別湖における遊漁は，遊漁を持続させるうえで必要な遊漁者数を確保できるだけのサービス水準があり，これを保つための人材および組織と財源が認められたといえる。よって，運営という視点においても持続性があると考えられた。然別湖ではかつて，遊漁者による過剰な釣獲によりミヤベイワナが激減した（1.3.3 項）。現在の管理体制は，管理業務に必要となる専門的な知識やノウハウを持つ地域の民間団体へ委託することで，管理業務の質を高めることとコストの削減の両方を達成できたと考えられる。特殊な事例とはいえ，地域特有の環境や対象魚種の特性を考慮すれば，効率的な体制であるといえるだろう。

5.2　然別湖における遊漁の管理指針

本節では，然別湖における遊漁をどのような指針で管理していくべきか検討する。まず，遊漁対象種となっているミヤベイワナ，サクラマス，ニジマスの各魚種について，生物学的背景だけでなく，社会的背景，さらに釣り人のニーズの違いを踏まえて，資源管理指針を検討する。次に，遊漁を魚類資源の調査として位置付けるための管理指針について検証する。

5.2.1　魚類資源の管理指針

(1) ミヤベイワナ

ミヤベイワナは然別湖の固有種であり，個体群の保全が求められる。さらに，然別湖の多くの遊漁者は，ミヤベイワナを釣ることを目的として訪れており（3.1 節），ニジマス狙いの遊漁者であってもミヤベイワナの釣果は満足度を高める要因であった（3.2 節）。したがって，然別湖における遊漁管理においてミヤベイワナ資源の維持は最重要課題であるといえる。また，遊漁の持続という観点から考えたとき，ミヤベイワナ資源はファーストステージにおいて 9 万～10 万尾前後を維持することで，釣り人にとって満足といえる釣果が期待できると考えられた。実際，2015 年の標準化 CPUE は 7.5 尾/人･日，資源量は 9 万 2800 尾で，10 尾を超えるミヤベイワナの釣果を得ていた遊漁者は 46 % に及んでいた。また，これまでに明らかになっている 1976 年から 2017 年までのミヤベイワナの資源量から，9 万～10 万尾程度の規模であれば，生物学的にも個体群を十分に維持できると考えられる。よって，ミヤベイワナの保全と遊漁者の満足度のどちらの視点からも，ファーストステージにおいて 9 万～10 万尾前後という資源水準が管理目標の目安となるだろう。

然別湖におけるミヤベイワナ資源は，自然再生産と，鹿追町が実施している孵化放流の両方で支えられていると考えられる（北海道立水産孵化場, 1995, 1996）。ミヤベイワナ天然魚は，湖に流れ込む数本の河川で再生産しており，基本的に生まれた河川に遡上して産卵することから，支流を含み流入河川ごとに産卵個体群を形成していると考えられる（Maekawa, 1985）。個体群の多様性は資源の安定的維持に寄与する*3（Schindler et al., 2010）。したがって，多くの流入河川において再生産が可能な環境を保全し，天然個体群の再生産を促すことが，ミヤベイワナ資源の安定的維持に寄与すると考えられる。また，孵

*3 たとえば，資源のなかに産卵個体群が 1 つしかなかった場合，この個体群の繁殖の成否で資源量が左右されてしまう。しかし，複数の繁殖個体群があれば，1 つの繁殖個体群での繁殖が不調でも，別の繁殖個体群での繁殖が順調であれば，結果として資源量は安定する。このように，複数の個体群が相補的にカバーしあって資源の安定化に寄与する効果のことを，分散ポートフォリオ効果という。なお，この名前は金融用語に由来している。

化放流についても，資源の維持に一定の寄与が示唆されており，天然個体群が急減した際のリスクに備えるために，今後も継続されることが望まれる。ただし，過度の孵化放流は個体群の遺伝的多様性の低下や野生個体群の生残の低下，環境適応能力の低下といった負の効果を引き起こす可能性が指摘されている（Levin et al., 2001; Myers et al., 2004; Araki and Schmid, 2010）。このため，孵化放流魚を主体としてミヤベイワナ個体群を維持することは，個体群の保全という観点からは望ましくないと考えられる。ミヤベイワナ資源を維持するために，孵化放流尾数については過度にならないよう注意を要する。

(2) サクラマス，ニジマス

然別湖には，移入種であるサクラマスとニジマスも生息し（前川, 1977; Koizumi et al., 2005），遊漁資源として利用されている。移入種の存在は，餌生物や生息空間を巡る競合を通じて在来種が外来種に置き換わる例や（鷹見ら, 2002; Morita et al., 2004; Baxter et al., 2007），種間交雑により繁殖に障害をもたらす可能性が指摘されており（Koizumi et al., 2005），在来種の存続を脅かすリスクになりうる（三沢ら, 2007）。一方，然別湖の遊漁者のうち約 4 分の 1 はニジマスを狙って訪れており（3.1 節），ミヤベイワナ狙いの遊漁者においても釣獲した魚種が多いほど満足度が上昇する傾向が見られた（3.2 節）。さらに，ニジマスの存在は水温が高くなるファーストステージ後半やセカンドステージにおいて遊漁者数の維持に寄与していると考えられた。

こうした事実から，然別湖における移入種の存在は，保全生物学的視点では望ましくないが，遊漁管理の視点からはミヤベイワナ，サクラマス，ニジマスの共存が望ましいと考えられる。よって，然別湖において遊漁を持続するためには，両方の視点を勘案した管理方策が求められるだろう。ニジマスについては，遊漁者は大型個体を求めている一方，多くの釣獲尾数を必ずしも望んでいないため（3.2.3 項），低密度で資源を維持することが望ましいといえる。サクラマスについては，現在は最も重要な釣獲魚種として狙う遊漁者があまり多くないことに加え，漁獲効率はミヤベイワナに比べて高いため，資源は高密度でなくとも遊漁者の満足度を高めることができると考えられる。

2014～2017 年の然別湖では，ミヤベイワナの生息密度はサクラマスとニジマスの生息密度を大幅に上回っていた（2.1 節）。過去に行われてきた資源調査においても，ミヤベイワナはサクラマスおよびニジマスの生息密度を上回ると考えられていたことから（北海道立水産孵化場, 1973, 1981, 1983, 1999～2001），サクラマスやニジマスが移入された後もミヤベイワナが継続して優占し続けていたと考えられる。よって，現状において移入種はミヤベイワナの存続を脅かす存在にはなっていないだろう。さらに，移入種 2 種はミヤベイワナに比べて大幅に釣られやすく（2.4 節），持ち帰りが認められている。よって，ミヤベイワナに比べて遊漁の影響を受けやすいと考えられる。こうした現状を考慮すると，今後の然別湖におけるサクラマスとニジマス資源の扱いについては，「守ろうとしない，増やそうとしない」を基本姿勢として，釣果データにもとづくモニタリングにより動向を監視しつつ，利用を継続する方向性がよいと考えられる。今後，移入種がミヤベイワナの存在を脅かすほど増加するようであれば，持ち帰り制限を引き上げて移入種個体数の低減を図るように方針転換するなど，資源状況に応じて対応すべきある。

5.2.2　資源のモニタリング調査を行うための指針

然別湖の遊漁管理では，遊漁を魚類資源調査と位置付けており，遊漁者に釣果報告を義務付けている。2.2 節において，遊漁者の釣果データから得られた標準化 CPUE を資源量と比較した結果，標準化 CPUE の増減は資源量の増減を反映するという結果が得られた。よって，然別湖における遊漁解禁は，遊漁者の釣果報告から標準化 CPUE を求めることで資源量のモニタリングが可能であり，魚類資源調査という目的を果たしているといえる。ただし，ミヤベイワナについては，資源量と標準化 CPUE の関係は直線的ではなく，資源量が増えると標準化 CPUE が加速度的に大きくなる（Hyperdepletion が生じている）と考えられたことから，標準化 CPUE が大幅に増加した場合でも，資源量はそれほど増加していない可能性がある点に注意を要する。

また，本研究では資源量推定を行うために標識放流を行ったが，これは遊漁者が釣果を報告するシステムが確立されていたために成立したといえる。標識放流法により資源量を推定しようとする場合，標識魚の再捕獲や総捕獲尾数の情報の取得に多くの手間がかかり，またこれらの情報を取得できたとしても標識放流法に求められる前提条件を満たすことが難しい場合が多い（能勢ら，1988; 田中, 2012; Henderson and Fabrizio, 2014）。しかし，然別湖では遊漁者による釣果報告制度が存在したことで，遊漁者の釣獲尾数のみならず，標識魚の再捕獲情報も比較的容易に取得できた。本研究ではミヤベイワナの資源量推定に 4 年連続で成功したが，これは遊漁者の釣果報告によって裏打ちされた奇跡であったといえる。遊漁者の釣果データを活用した魚類資源の調査研究は，遊漁が希少魚の保全に寄与する一つの形であり（Granek et al., 2008; Cooke et al., 2016），然別湖の例も，遊漁者が高度な資源調査に参加した一例といえる。今後，遊漁者の釣果報告が各種研究に役立てられている事実を発信し，自らの釣果報告が資源調査に活用されていることを実感してもらうことにより，資源調査や魚類資源の保全に対する遊漁者の意識をより高められるかもしれない。

通常，遊漁者による釣獲尾数の把握は困難であり，高度な調査や分析が必要になる（安藤ら, 2002; 亀甲ら, 2009, 2015）。しかし，然別湖の場合は，遊漁者が出入りできる場所がごく限られており，1 日の遊漁券発行枚数を制限し，遊漁終了時刻を定めて遊漁者の安否確認を徹底していたことで，遊漁管理業務として遊漁者の釣果報告を容易に集計できたと考えられた。希少魚を対象とした遊漁では，釣り人の釣った魚の数を把握することは，遊漁の持続性を保証するうえで重要な要素である（Cooke et al., 2016）。遊漁がミヤベイワナの保全策としての機能を保持し続けるために，現行の体制での釣果報告の集計・把握の継続が望まれる。

5.3　希少魚を対象とした遊漁の意義

ミヤベイワナは然別湖の固有種である。そのため，然別湖の個体群が消滅した場合，天然の個体群は絶滅してしまう。このような生物種を保護する場合，全面禁漁とするのが通例であろう。しかし，こうした魚種を対象に，厳格な管理体制の下であえて遊漁資源として活用する意義として，次に示す 2 つが挙げられる。

(1) 希少魚の社会的・経済的価値の創出

ごく限られた地域にしか生息しない希少魚について，全面禁漁の保護策をとった場合，希少魚の恩恵や社会的価値を見いだせる人はごく一部に限られるだろう。しかし，遊漁資源として活用されることにより，希少魚の価値を知り，その存続を必要とする人が増え，より広い範囲の人々の間で希少魚の保全に対する意識を共有できる。そして，希少魚の生息地周辺の地域で釣り旅行に伴う消費活動が起こり，地域経済への一定の寄与が認められた。このように，遊漁者以外の人々にも経済的恩恵をもたらし，より広い範囲の，より多くの人々に希少魚の価値が認識され，希少魚を保全する社会的・経済的意義が生じる。

遊漁が希少魚の社会的・経済的価値を高めている例は，然別湖だけではない。北海道の北部にある朱鞠内湖（しゅまりないこ）は幻の魚とも呼ばれるイトウ *Parahucho perryi* が狙える釣り場として知られる。この朱鞠内湖においても，道内のみならず，全国から釣り人が訪れて，1 シーズンで 4156.4 万円の消費が起こり，このうち 626.2 万円が近隣地域で消費されていた（芳山ら, 2018 b）。消費総額に比べて近隣地域での消費が少ないように見えるかもしれないが，この数字は然別湖の例と同様，近隣地域で消費されうる金額の上限値に近いと考えられている。実際，イトウ釣りの最盛期ともなると，多くの釣り人は朱鞠内湖畔の施設に宿泊しており，部屋の確保が困難となるほどである。また，滋賀県琵琶湖に生息する固有種ビワマス *O. masou rhodurus* を対象とした遊漁では，レンタルボートの利用者の半数は関東地方在住であったという（亀甲ら, 2009）。このように，遊漁によって多くの人々に希少魚の価値が認識され，希少魚を保全する社会的・経済的意義が生じることは，然別湖に特異的な事例ではなく，釣りという経済活動が持つポテンシャルであると考えられる。

朱鞠内湖では，2016 年から，幌加内町（ほろかないちょう）へのふるさと納税への返礼品として遊漁券と渡船サービス，および湖畔の施設の 1 泊宿泊券のセット（3 万円以上の寄付）や，朱鞠内湖のガイドフィッシングツアー（10 万円以上の寄付，湖畔での宿泊を含む）が選択できるようになった。1泊当たりの遊漁者の宿泊滞在費は，朱鞠内湖の場合も然別湖と同様に2万円未満であったことから，ふるさと納税の制度を活用することにより，遊漁が地域振興により大きく貢献することが期待される。さらに，幌加内町へのふるさと納税では，寄付金（納税金）の使途として「朱鞠内湖におけるイトウの保全活動」を指定できる。朱鞠内湖を管理する朱鞠内湖淡水漁業協同組合では，イトウ資源の維持に向けた取り組みとして，イトウの再生産が行われている流入河川の繁殖環境の整備や保全，繁殖生態の解明に向けたモニタリング調査，かつて繁殖が行われていたとされる流入河川への繁殖個体群の再導入に向けた試験研究を行っている（www.shumarinai.jp，シュマリナイ湖ワールドセンター，2018年1月23日閲覧）。こうした取り組みに対し，遊漁者はふるさと納税を通じて直接貢献することができる。たとえば，イトウ個体群の再生産生態についてはまだ断片的にしかわかっていないが，遊漁者の経済的援助を背景に調査研究が進めば，明らかにできるかもしれない。

然別湖でも2016年から，鹿追町へのふるさと納税の返礼品として，4万円以上の寄付で，然別湖の遊漁券1日分と湖畔のホテルの1泊宿泊券のセットを選択できるようになり，2016年には30名ほどが利用した（北海道ツーリズム協会，未発表）。このように，他の行政政策も併せて活用することにより，希少魚を保全するための社会的・経済的基盤をより強くできる可能性がある。

(2) 一般の遊漁者も参画した希少魚のモニタリング

希少魚に対して完全に禁漁の措置をとった場合でも，個体数の把握やモニタリングは保全のために必要である。然別湖の場合，遊漁者に釣果報告を課すことにより，遊漁解禁が資源のモニタリングを兼ねていた。遊漁解禁にかかる費用の大半は遊漁料収入として回収され，さらに地域経済の活性化も期待できる。このように，然別湖では遊漁を資源モニタリングとして活用することで，費用と労力を削減できていた。ただし，遊漁による資源モニタリングを成立させるためには，遊漁による魚類資源への圧力を最低限に抑える必要があるため，キャッチ＆リリースや漁具の規制といった遊漁規則の設定と周知徹底が不可欠である（Cooke et al., 2016）。

然別湖では，管理システムや地理的特性により，すべての遊漁者から釣果報告を得ることが可能である。しかし，通常の釣り場ではこのような釣果報告を得ることは容易ではない（亀甲ら, 2009; Hansen et al., 2015）。近年，スマートフォンの普及に伴い，多くの遊漁者が手軽に釣りに関する情報を記録し共有できる各種アプリケーションが登場している（Papenfuss et al., 2015）。そこで，然別湖以外の水域では，このようなアプリケーションの活用が，遊漁者の釣果情報を容易かつ大量に取得するうえで有効であると思われる（Hansen et al., 2015; Papenfuss et al., 2015）。本研究における然別湖とは諸条件が異なるものの，将来，他の水域においても然別湖と同様に遊漁者による釣果データを使った資源モニタリングが可能になるかもしれない。

5.4　まとめ

現在の然別湖における遊漁管理は，固有種ミヤベイワナの保全策としての役割を果たしているといえる。管理方策として遊漁者を資源調査員と位置付け，遊漁による圧力を無視できる範囲に抑える規制の下で釣果報告を義務付けることにより，固有種ミヤベイワナだけでなく，同所的に生息する移入種であるサクラマスとニジマスの資源モニタリングが可能となっている。一方，遊漁者は，的確な管理体制が存在するために然別湖で釣りを楽しむことができ，その結果，近隣地域のみならず全国の遊漁者が，ミヤベイワナをはじめとした然別湖の魚類資源から精神的充足感・満足感を得ていた。その結果，然別湖の魚類資源は，全国の遊漁者の間で社会的価値が見いだされ，同時にその対価として釣り旅行に伴う経済活動によって経済的価値が高められた。さらに，行政と地元有志が協働することで，ミヤベイワナという地域固有の自然資源と専門的な知識を有する地域の人材が活用され，年間 50 日限定ながら雇用を創出していた。このように，遊漁解禁は資源のモニタリング調査という形でミヤベイワナの保全に直接貢献するだけでなく，ミヤベイワナ個体群の遊漁資源としての社会的・経済的価値を高めることで，ミヤベイワナ個体群を保全する社会的・経済的根拠を与え，さらに必要な財源の一部を遊漁料収入などで供給することにより，間接的にも保全に寄与している。

ところで，本書の冒頭で，「そもそも，なぜ希少魚を保全しなければならないのか」と問いかけたが，一連の研究結果から，一つの解答を導けるのではないだろうか。然別湖に，そこにしかいないミヤベイワナが生息し，釣り資源として利用できる状態にあることで，日本全国の多くの釣り人に精神的充足感を与え，それが経済活動を生み，地域に恩恵をもたらす。つまり，希少魚の存在が人間社会に利益をもたらすのである。そして，希少魚を利用するためには資源として永続的に存続する（＝保全される）必要がある。よって，希少魚を資源として利用することと保全することは矛盾しない。資源の利用と保全の両立が必要であり，そのためには的確で高度な管理が不可欠である。然別湖のケースは一つの解答例にすぎないが，希少魚を保全することは，人間のより豊かな生活を保障することに通じるのである。

然別湖におけるミヤベイワナと遊漁は，これまで資源枯渇の危機や経営難により，何度も存続の危機に瀕してきた。しかし，ミヤベイワナが資源として利用されるようになってからの60年近い歴史のなかで管理方策がブラッシュアップされ，持続可能な管理形態が確立された。将来にわたるミヤベイワナの存続を保証するために，然別湖における遊漁がミヤベイワナの保全策として持続されていくことが望まれる。

たかが釣り，されど釣り。的確な管理のもとで釣りの良い効果を最大限に引き出し，なおかつ悪い影響を最小限に抑えることによって，釣りは希少魚の保全策となり，同時に地域振興策となる。然別湖における遊漁管理の例は，釣りが，希少魚の保全と地域振興という，現代社会における2つの重要な課題を結び付けて同時に達成する重大な鍵となりうることを示唆している。

付録資料

表 A.1　然別湖特別解禁“グレートフィッシング in 然別湖”遊漁規則（2017 年）

遊漁解禁期間	2017 年 6 月 6 日～7 月 7 日（ファーストステージ 32 日間） 2017 年 9 月 16 日～10 月 3 日（セカンドステージ 18 日間）
遊漁時間	ファーストステージ　午前 6 時～午後 3 時 セカンドステージ　午前 7 時～午後 3 時 終了時刻までに桟橋に帰着のこと
遊漁水域	十内区第 2 号区画漁業免許漁場における，然別国有林 2167，2168 林班界と，2163 林班ロ小班トハ小班林班界より北側へ約 420m の岬の突端地点を結ぶ線の南側水域
遊漁者数	50 人 / 日
遊漁料	1 人 1 日 4,110 円 ただし，小中学生は 1 人 1 日 1,030 円 両親のどちらかが同伴する場合に限り，小中学生は無料
漁具・漁法の制限	• ルアーあるいはフライを用いた疑似餌釣り（ルアーフィッシング / フライフィッシング）に限る。 餌を使用する釣法は禁止。 • かえし（もどし，あご）のない J 字型の針（シングルバーブレスフック），あるいはかえしを完全に潰した針のみ使用可。 • フライでは，かえしのない針，あるいは返しを完全に潰した針のみ使用可。 • 2 か所以上針を装着する場所があるルアー（ミノー）を用いる場合，シングルバーブレスフックであれば 2 か所合計 2 本まで装着して使用することを認める。ただし，1 か所に 2 本の針を装着してはならない。 • 枝針（ドロッパー）の使用を禁止する。 （基本として 1 本の竿につき 1 本の針のみを使用すること） • 実際の釣りに用いる竿の本数は 1 人 1 本までとする。 ただし，予備のために持ち込む竿の本数については制限しない。

表 A.1 （続き）

持ち帰り尾数制限	• ミヤベイワナは釣獲後すべて再放流（キャッチ＆リリース）すること。 • サクラマスとニジマスについては，合わせて 1 人 1 日 10 尾まで持ち帰り可とする。 ただし，サクラマスについては，6 月中に釣獲されたものは速やかに再放流すること。（北海道内水面漁業調整規則第 22 条） • ミヤベイワナ，サクラマス，ニジマス以外の魚種については持ち帰り尾数の制限なし。
ボートでの釣りに関する制限	• ボートを持ち込む場合，手漕ぎボートのみ使用を許可する。ただし，個人で湖面へ搬入できる範囲とする。 • 船外機の使用は禁止。（国立公園法第 20 条に基づく規制） • ボートを定位するための錨やおもりの使用を禁止する。 • 海錨（シーアンカー）については，幅が 50cm 以下でかつ長さが 55cm 以下で，ロープの長さが 5.4m 以下のものであり，あらかじめ遊漁管理事務所にて確認を得たものであれば使用することができる。 • 救命胴衣（ライフジャケット）は必ず着用すること。 • 釣り以外に必要と思われない物をボートに持ち込むことを禁止する。 • ボートの上で立って釣りをすることを禁止する。 • フロートチューブについては指定水域（1 の湾）のみ使用可。
遊漁者の役割	• 遊漁者へは資源調査員として，遊漁の際に釣獲による資源調査を依頼するものとする。 • 釣獲結果は調査項目に従って調査用紙に記入し遊漁終了時に提出すること。
調査の目的	• 釣りによるミヤベイワナ等の尾数調査を実施し個体数の把握を行い，適正尾数に向けた調整を施し資源の維持・安定化を図る。 • 遊漁による魚体への影響調査。
迷惑行為について	• 一般的なモラルに反する行為や監視員の注意・警告に従わない場合は退場とする。 • 遊漁禁止区域で釣りをした場合は退場とする。
罰則規定	遊漁規則違反および密漁者に対しては，鹿追町から委託された監視員の権限により鹿追町条例（然別湖魚族資源保護条例）が適用され，しかるべき法的措置がとられる。

表 A.1　（続き）

岸からの遊漁について	然別湖は大雪山国立公園内にあり，湖面は国立公園法「第 1 種」，陸は「第 2 種」に指定されています。北海道環境保全指針においても日本の国内水準で評価されるものに該当するため，遊漁を行う際はこうした環境に配慮して監視員の指示に従ってこれを行うものとします。岸釣り可能区域に指定された場所へはボート（手漕ぎボート，渡船）のみでの移動となります。釣り人の環境に悪影響を及ぼす恐れのある行為がみられた場合，岸釣り指定区域を一部閉鎖する場合もあります。
許可条件	• 指定された解禁水域での遊漁を認める。 • 指定された岸釣り区域では監視員の指示に従い岸からの遊漁を認める。

表 A.2　ミヤベイワナの資源量と孵化放流尾数の推移

調査年	2014	2015	2016	2017
推定資源量（尾数）	105,300	92,800	83,120	31,480
3～5 年前の孵化放流尾数	470,592	383,080	247,062	127,736
3 年前の孵化放流尾数	134,830	79,186	33,046	15,497
4 年前の孵化放流尾数	169,064	134,830	79,186	33,046
5 年前の孵化放流尾数	166,698	169,064	134,830	79,186

あとがき

本書で述べた研究は，5 年間，250 日にわたり然別湖特別解禁“グレートフィッシング然別湖（GFS）”に密着して調査を行った成果である。GFS の運営を担う NPO 法人北海道ツーリズム協会の武田耕次氏，田畑貴明氏，澤田耕治氏，高橋克典氏，小田切光氏，田畑加寿子氏，石澤秋男氏，鹿追町商工観光課の東原孝博氏，伊藤正博氏，富樫靖氏ほか職員の方々，そしてグレートフィッシング in 然別湖サポートスタッフの方々は，どこの馬の骨だかわからない私を温かく迎え入れてくださり，調査研究に全面協力していただいた。こうした地元の方々の協力なくして，本研究は成立しえなかった。この場を借りて心からお礼申し上げたい。そして，本書が然別湖のミヤベイワナと遊漁を支える方々の素晴らしい取り組みを後世に伝えていくための一助となることを願う。

一連の研究の発端は，巻頭言を寄せてくださった国立研究開発法人水産研究・教育機構中央水産研究所の坪井潤一博士との車内での会話であった。この研究を始める前から，私は一人の釣り人として毎年然別湖に通っており，日本で最も好きなフィールドの一つであった。そこで，大学院に進学するにあたり，釣りをテーマにした研究をしてみたいということと，然別湖という素晴らしいフィールドがあるということをお話ししたところ，「あのさあ，それ研究にしてみたら面白いんじゃない？」と一言アドバイスをいただいた。そして，坪井博士に相談しながら白紙の状態から研究を立案した。

一学生が突然に企画した研究をそのまま実行させてもらえることは通常ありえない。また，三度の飯より釣りが好きな私に，釣りをテーマにした研究を自由にやらせるということは，調教されていないハトを空に放つようなものであったと思われる。しかし，指導教官であった松石隆教授は私の研究計画をそのまま実行することを許してくださった。そのおかげで自分の信念と感性に従って研究を遂行することができた。本研究は両氏がいなければ存在しえなかったものである。

本研究は，水産資源学から計量経済学に至るまで幅広い分野にまたがっている。経済学分野は私の専門ではないが，北海道大学大学院農学研究院の大串伸吾博士（現所属：寿都町役場産業振興課）から数多くの助言をいただき，研究をまとめることができた。また，データ分析や統計学的な解析については，研究室の先輩で私の統計学の師匠である馬場真哉氏（現所属：Logics of Blue）から手ほどきを受けた。両氏の教えは，本研究を進めるにあたり，大きな助けとなった。

一連の研究は，2013 年から 2018 年にかけての 5 年間，北海道大学大学院水産科学院に在籍していたときの成果である。その成果をまとめて世に送り出す機会を，松石教授と海文堂出版の岩本登志雄氏からいただいた。研究成果というものは学会発表や学術論文などで学術界に公表するだけでなく，社会にも周知されて実社会のなかで活かされるべきであると考える。そのための申し分ない機会をいただき，心から感謝申し上げる。

本書が，釣りの社会的・経済的立場が向上し，日本に一つでも多くの素晴らしい釣り場が増えていくきっかけとなることを期待したい。

引用文献

2003 年（第 11 次）漁業センサス．農林水産省統計本部，東京．2006.

2013 年（第 13 次）漁業センサス．農林水産省統計本部，東京．2015.

昭和 48 年事業成績書．北海道立水産孵化場，札幌．1973.

昭和 47 年～昭和 59 年事業成績書．北海道立水産孵化場，札幌．1972–1984.

昭和 60 年～平成 15 年事業成績書．北海道立水産孵化場，恵庭．1985–2003.

北海道の湖沼．北海道公害防止研究所，札幌．2005.

レジャー白書 2009．財団法人日本生産性本部，東京．2009.

レジャー白書 2014．公益財団法人日本生産性本部，東京．2014.

水産白書 平成 27 年版（水産庁編）．農林統計協会，東京．2015.

安藤大成，宮越靖之，竹内勝巳，永田光博，佐藤孝弘，柳井清治，北田修一．都市近郊の河川におけるサクラマス幼魚の遊漁による釣獲尾数の推定．日本水産学会誌 2002; **68**: 52–60.

青山智哉，鷹見達也．北海道の内水面遊漁を考える 2 ―釣具店店頭でのアンケート調査から―．魚と水 1997; **34**: 143–150.

Araki H, Schmid C. Is hatchery stocking a help or harm? Evidence, limitations and future directions in ecological and genetic surveys. ***Aquaculture*** 2010; **308**: S2–S11.

Arlinghaus R, Mehner T, Cowx IG. Reconciling traditional inland fisheries management and sustainability in industrialized countries, with emphasis on Europe. ***Fish. Fish.*** 2002; **3**: 261–316.

Arlinghaus R. On the apparently striking disconnect between motivation and satisfaction in recreational fishing: the case of catch orientation of German anglers. ***N. Am. J. Fish. Manag.*** 2006; **26**: 592–605.

Arlinghaus R, Cooke SJ, Lyman J, Policansky D, Schwab A, Suski C, Sutton SG, Thorstab EB. Understanding the complexity of catch-and-release in recreational fishing: an integrative synthesis of global knowledge from historical, ethical, social, and biological perspective. ***Rev. Fish. Sci*** 2007; **15**: 75–167.

Arlinghaus R, Matsumura S, Dieckmann U. The conservation and fishery benefits of protecting large Pike *Esox Lucius* by harvesting regulation in recreational fishing. ***Biol. Conserv.*** 2010; **143**: 1444–1459.

Arlinghaus R, Cooke SJ, Potts W. Towards resilient recreational fisheries on a global scale through improved understanding of fish and fish behaviour. ***Fish. Manag. Ecol.***

2013; **20**: 91–98.

Arlinghaus R, Beardmore B, Riepe C, Meyerhoff J, Pagel T. Species-specific preference of German recreational anglers for freshwater fishing experience, with emphasis on the intrinsic utilities of fish stocking and wild fishes. ***J. Fish. Biol.*** 2014; **85**: 1843–1867.

Arlinghaus R, Tillner R, Bork M. Explaining participation rates in recreational fishing across industrialized countries. ***Fish. Manag. Ecol.*** 2015; **22**: 45–55.

Arlinghaus R, Alós J, Beardmore B, Daedlow K, Dorow M, Fujitani M, Hühn D, Haider W, Hunt LM, Johnston BM, Johnston F, Kleforth T, Matsumura S, Monk C, Pagel T, Post JR, Rapp T, Riepe C, Ward H, Wolter C. Understanding and managing freshwater recreational fisheries as complex adaptive social-ecological systems. ***Rev. Fish. Sci. Aquacul.*** 2017; **25**: 1–41.

淺野悟史，星野敏，九鬼康彰．NPO の継続に関わる財務・人材面の課題とその対策—京都府山城地方における里山保全団体を事例に—．農村計画学会誌 2010; **28**: 225–230.

Baxter CV, Fausch KD, Murakami M, Chapman PL. Invading rainbow trout usurp a terrestrial prey subsidy from native charr and reduce their growth and abundance. ***Oecologia*** 2007; **153**: 461–470.

Beardmore B, Hunt LM, Haider W, Dorow M, Arlighaus R. Effectively managing angler satisfaction in recreational fisheries requires understanding the fish species and the anglers. ***Can. J. Fish. Aquat. Sci.*** 2014; **72**: 500–513.

Begon M. Investigating animal abundance: capture recapture for biologist. Edward Arnold, London. 1979.

Brownscombe JW, Danylchuk AJ, Chapman JM, Gutowsky LFG, Cooke SJ. Best practice for catch-and-release recreational fisheries-angling tools and tactics. ***Fish. Res.*** 2017; **186**: 693–705.

Burnham KP, Anderson DR. Model selection and multimodel inference, 2nd ed. Springer, New York. 2002.

Cooke SJ, Phillip DP. The influence of terminal tackle on injury, handling time, and cardiac disturbance of rock bass. ***N. Am. J. Fish. Manag.*** 2001; **21**: 333–342.

Cooke SJ, Cowx IG. The role of recreational fishing in global fish crises. ***BioScience*** 2004; **54**: 857–859.

Cooke SJ, Suski CD. Do we need species-specific guideline for catch-and-release recreational angling to effectively conserve diverse fishery resources? ***Biodivers. Conserv.*** 2005; **14**: 1195–1209.

Cooke SJ, Cowx IG. Contrasting recreational and commercial fishing: Searching for common issue to promote unified conservation of fisheries resources and aquatic environments. ***Biol. Conserv***. 2006; **128**: 93–108.

Cooke SJ, Schramm HL. Catch-and-release science and its application to conservation and management of recreational fisheries. ***Fish. Manag. Ecol***. 2007; **14**: 73–79.

Cooke SJ, Hogan ZS, Butcher PA, Stokesubry MJW, Raghavan R, Gallagher AJ, Hammerschlag N, Danylchuk AJ. Angling for endangered fish: conservation problem or conservation action? ***Fish. Fish***. 2016; **17**: 249–265.

Cowx IG, Arlinghaus R, Cooke SJ. Harmonizing recreational fisheries and conservation objectives for aquatic biodiversity in inland waters. ***J. Fish. Biol***. 2010; **76**: 2194–2215.

DeCicco AL. Mortality of anadromous Dolly Varden captured and released on sport fishing gear. Alaska Department of Fish and Game, Fishery data series No 94-47, Anchorage, 1994.

Dedual M, Maheswaran R. Long-term trends in the catch characteristics of rainbow trout *Oncorhynchus mykiss*, in a self-sustained recreational fishery, Tongariro river, New Zealand. ***Fish. Manag. Ecol***. 2016; **23**: 234–242.

Ditton RB, Holland SM, Anderson DK. Recreational fishing as tourism. ***Fishries*** 2002; **27**: 17–24.

土居隆秀，中村智幸，横田賢史，丸山隆，渡邊精一，野口拓史，佐野祐介，藤田知文．実験池においてキャッチアンドリリースされたイワナ，ヤマメの生残と成長．日本水産学会誌 2004; **70**: 706–713.

Erisman B, Allen LG, Claisse JT, Pondella DJ II, Miller EF, Murray JH. The illusion of plenty: hyperstability masks collapses in two recreational fisheries that target fish spawning aggregations. ***Can. J. Fish. Aquat. Sci***. 2011; **68**: 1705–1716.

faula 編集部．ミヤベイワナと然別湖の物語　適切な資源管理に学ぶ．***faula*** 2013; **41**: 28–39.

Fukushima M, Shimazaki H, Rand PS, Kaeriyama M. Reconstructing Sakhalin taimen *Parahucho perryi* historical distribution and identifying causes for local extinctions. ***Trans. Am. Fish. Soc***. 2011; **140**: 1–13.

福島路生．さけます情報　サケ科魚類のプロファイル-13　イトウ．Salmon 情報 2015; **9**: 35–38.

Gargan PG, Stafford T, Økland F, Thorstad EB. Survival of wild Atlantic salmon *Salmo salar* after catch and release angling in three Irish rivers. ***Fish. Res***. 2015; **161**: 252–260.

Granek EF, Madin EMP, Brown MA, Figueira W, Cameron DS, Hogan Z, Kristianson G, De Villiers P, Williams JE, Post J, Zahn S, Arlinghaus. Engaging recreational fisheries in management and conservation: Global case studies. ***Conserv. Biol.*** 2008; **22**: 1125–1134.

Hansen GJA, Gaeta JW, Hansen JF, Carpenter SR. Learning to manage and manage to learn: sustaining freshwater recreational fisheries in a changing environment. ***Fisheries*** 2015; **40**: 56–64.

Henderson MJ, Fabrizio MC. Estimation of summer flounder (*Paralichthys dentatus*) mortality rates using mark-recapture data from a recreational angler-tagging program. ***Fish. Res.*** 2014; **159**: 1–10.

Hillborn R, Walters CJ. Quantitative fisheries stock assessment: choice, dynamics, and uncertainty. Chapman and Hall, New York. 1992.

平田剛士．北海道然別湖　希少魚ミヤベイワナとどう付き合うか．フライの雑誌 1993 a; **23**: 41–43.

平田剛士．然別湖の 30 日　13 年ぶりの試験解禁は成功したか？ フライの雑誌 1993 b; **24**: 34–37.

平田剛士．再訪・然別湖　2 年目のミヤベイワナ試験解禁．フライの雑誌 1994; **28**: 68–71.

平田剛士．「然別湖ドリバーデンの会」始動す—地元から創造する理想の釣り場．フライの雑誌 1996; **34**: 96–99.

平田剛士．北海道然別湖「ミヤベイワナ試験解禁」4 年間の成果と 5 年目のこれから．フライの雑誌 1997; **38**: 90–91.

Hunt LM, Boots BN, Boxall PC. Predicting fishing participation and site choice while accounting for spatial substitution, trip timing, and trip context. ***N. Am. J. Fish. Manag.*** 2007; **27**: 832–847.

Hunt TL, Giri K, Brown P, Ingram BA, Jones PL, Laurenson LJB, Wallis AM. Consequences of fish stocking density in a recreational fishery. ***Can. J. Fish. Aquat. Sci.*** 2014; **71**: 1554–1560.

今井利為，高間浩，柴田勇夫．神奈川県における遊漁船のマダイ釣獲量の推定．栽培技研 1994; **23**: 77–83.

石井馨，横山純，熊谷純郎，古屋温美，吉水守．北海道標津町地域 HACCP の取り組みによる地域経済への波及効果の評価．日本水産学会誌 2010; **76**: 646–651.

Johnston FD, Arlinghaus R, Dieckmann U. Diversity and complexity of angler behaviour drive socially optimal and input regulation in a bioeconomic recreational-fisheries model. ***Can. J. Fish. Aquat. Sci.*** 2010; **67**: 1507–1531.

Johnston FD, Arlinghaus R, Dieckmann U. Fish life history, angler behaviour and optimal management of recreational fisheries. ***Fish. Fish***. 2013; **14**: 554–579.

金田禎之．新編　漁業権のここが知りたい．成山堂書店，東京．2010.

Kerns JA, Allen MS, Harris JE. Importance of assessing population-level impact of catch-and-release mortality. ***Fisheries*** 2012; **37**: 502–503.

亀甲武志，西森克浩，井出充彦，関慎介，二宮浩司，菅原和宏．琵琶湖におけるビワマス引縄釣遊漁者を対象とした届出制の導入．日本水産学会誌 2009; **75**: 1102–1105.

亀甲武志，北門利英，石崎大介，氏家宗二，澤田宣雄，三枝仁，酒井明久，鈴木隆夫，西森克浩，二宮浩司，甲斐嘉晃．伊庭内湖周辺におけるホンモロコ釣り遊漁による釣獲尾数の推定．日本水産学会誌 2015; **81**: 17–26.

Koizumi I, Kobayashi H, Maekawa K, Azuma N, Nagase T. Occurrence of hybrid between endemic Miyabe charr *Salvelinus malma miyabei* and introduced masu salmon *Oncorhynchus masou* in the Lake Shikaribetsu system, Hokkaido, Japan. ***Ichtyol. Res***. 2005; **52**: 83–85.

久保達郎．北海道然別湖のオショロコマ *Salvelinus malma* に関する生態学的並びに生理学的研究．北海道立さけ・ます孵化場研究報告 1968; **21**: 11–34.

栗山浩一，馬奈木俊介．環境経済学をつかむ（第 3 版）．有斐閣，東京．2016.

Levin PS, Zabel RW, Williams JG. The road to extinction is paved with good intensions: negative association of fish hatcheries with threatened salmon. ***Proc. R. Soc. Lond. B***. 2001; **268**: 1153–1158.

前川光司．然別湖産イワナの変異に関する研究 I　発育と稚魚期の生活史．日本生態学会誌 1977; **27**: 91–102.

Maekawa K. Growth and development of *Salvelinus malma miyabei* compared with other forms of *S. malma*. ***Jap. J. Ichtyol***. 1978; **30**: 227–234.

Maekawa K. Streaking behavior of mature male parrs of the Miyabe charr, *Salvelinus malma miyabei* during spawning. ***Jap. J. Ichtyol***. 1983; **25**: 9–18.

Maekawa K. Life history patterns of the Miyabe charr in Lake Shikaribetsu, Japan. In: Johnson L and Burns BL (eds). *Biology of the Arctic charr* Univ. Manitoba Press, Winnipeg. 1984; 233–250.

Makeawa K. Homing of lacustrine charr in a small lake with a few inlet creeks. ***Jap. J. Ichtyol***. 1985; **32**: 355–358.

前川光司．ミヤベイワナ．「日本の淡水魚」（川那部浩哉，水野信彦編）山と渓谷社，東京．1989; 104–107.

前川光司．ミヤベイワナ．「日本の希少な野生水生生物に関する基礎資料」（水産庁編）日本水産資源保護協会，東京．1998; 162–163.

Matsuishi T, Narita A, Ueda H. Population assessment of sockeye salmon *Oncorhynchus nerka* caught by recreational angling and commercial fishery in Lake Toya, Japan. ***Fish. Sci.*** 2002; **68**: 1205–1211.

Maunder M, Punt A. Standardizing catch and effort data: a review of recent approaches. ***Fish. Res.*** 2004; **70**: 141–159.

Miko DA, Schramm JR HL, Arey SD, Dennis JA, Mathews NE. Determination of stocking densities for satisfactory put-and-take rainbow trout fisheries. ***N. Am. J. Fish. Manag.*** 1995; **15**: 823–829.

三沢勝也，米田隆夫，井上聰，谷川幹雄，小長谷博明，木村明彦．十勝川水系札内川ダム湖におけるオショロコマとニジマスの生息空間および摂餌に関する種間関係．魚類学雑誌 2007; **54**: 1–13.

宮澤晴彦．遊漁船業の課題—釣り人を迎える立場．「釣りから学ぶ—自然と人の関係—」（池田弥生編）恒星社厚生閣，東京．1995; 1–31.

Morita K, Tsuboi J, Matsuda H. The impact of exotic trout on native charr in Japanese stream. ***J. Appl. Ecol.*** 2004; **41**: 962–972.

Myers RA, Levin SA, Lande R, James FC, Murdock WW, Paine RT. Hatcheries and endangered salmon. ***Science*** 2004; **308**: 1980.

永田光博，山本俊昭．第 6 章　サケ属魚類における「人工孵化」の展望．「サケ・マスの生態と進化」（前川光司編）文一総合出版，東京．2004; 213–241.

中村智幸，飯田遙．守る・増やす渓流魚—イワナとヤマメの保全・増殖・釣り場づくり．農村漁村文化協会，東京．2009.

中村智幸．奥日光湯の湖の釣魚者数データからの全国の内水面遊漁者数の推定．水産増殖 2012; **60**: 255–260.

中村智幸，岸大弼，徳原哲也，久保田仁志，亀甲武志，坪井潤一．在来渓流魚（イワナ類，サクラマス類）：利用，増殖，保全の現状と課題．魚類学雑誌 2012; **59**: 163–167.

中村智幸．レジャー白書からみた日本における遊漁の推移．日本水産学会誌 2015; **81**: 274–282.

中村智幸．内水面漁協の組合員数の推移と将来予測．水産増殖 2017; **65**: 97.

西井堅二．然別湖特別解禁　10 年目のシーズン．***North Angler's*** 2014; **17**: 55–59.

西井堅二．釣りと保全は両立できる　そのために釣り人がすべきこと　2016 年イトウ保護フォーラム in 朱鞠内湖より．***North Angler's*** 2017; **20**: 92–95.

能勢幸雄，石井丈夫，清水誠．水産資源学．東京大学出版会，東京．1988.

大浜秀規，加地弘一，中濱志織．小菅川キャッチアンドリリース効果調査-Ⅳ～アンケート調査～．山梨水産技術センター事業報告 2002; 24–30.

長内稔．陸封型サクラマスの生態調査Ⅰ．雨竜人工湖の湖況の遷移と湖産サクラマスの食性について．北海道立さけ・ます孵化場研究報告 1962; **17**: 21–29.

Papenfuss JT, Phelps N, Fulton D, Venturelli PA. Smartphone reveal angler behaviour: A case study of a popular mobile fishing application in Alberta, Canada. ***Fisheries*** 2015; **40**: 318–327.

Pinder AC, Raghavan R, Britton JR. Efficacy of angler catch data as a population and conservation monitoring tool for the flagship Mahseer fishes (Tor spp.) of Southern India. ***Aquatic Conserv: Mar. Freshw. Ecosyst.*** 2015; **25**: 829–838.

Pollock KH, Pine WE III. The design and analysis of field studies to estimate catch and release mortality. ***Fish. Manag. Ecol.*** 2007; **14**: 123–130.

Post JR, Sullivan M, Cox S, Lester NP, Walters CJ, Parkinson EA, Paul AJ, Jackson L, Shuter BJ. Canada's recreational fisheries: the invisible collapse? ***Fisheries*** 2002; **27**: 6–17.

Post JR, Mushens C, Paul A, Sullivan M. Assessment of alternative harvest regulation for sustaining recreational fisheries: model development and application to bull trout. ***N. Am. J. Fish. Manag.*** 2003; **23**: 22–34.

Randomski PJ, Grant GC, Jacobson PC, Cook MF. Vision for recreational fishing regulations. ***Fisheries*** 2001; **26**: 7–18.

坂野博之，帰山雅秀，上田宏，桜井泰憲，島崎健二．洞爺湖におけるヒメマス *Oncorhynchus nerka* の年齢と成長．北海道さけます孵化場研究報告 1996; **50**: 125–138.

佐々木孝．2 年目の然別湖―釣り人による釣り場運営の実態．フライの雑誌 2006; **72**: 128–129.

佐藤稔．内水面漁業と遊漁と養殖業．アクアネット 2000; 22–24.

Schindler DE, Hilborn R, Chasco B, Boatright CP, Quinn TP, Rogers LA, Webster MS. Population diversity and portfolio effect in an exploited species. ***Nature*** 2010; **465**: 609–612.

Schwarz G. Estimating the dimension of a model. ***Ann. Statist.*** 1978; **6**: 461–464.

鹿追町 70 年史．鹿追町役場，鹿追．1994.

下田和孝．北海道における外来魚問題（外来サケ科魚類）．日本水産学会誌 2012; **78**: 754–757.

下田和孝，坂本博幸，川村洋司，中野信之．朱鞠内湖イトウ釣りアンケート結果報告―平成 22～24 年度の集計結果―．魚と水 2013; **49-4**: 10–13.

庄野宏．CPUE 標準化に用いられる統計学的アプローチに関する総説．水産海洋研究 2004; **68**: 106–120.

蘇宇，Sweke EA，傅法隆，上田宏，松石隆．チューニング VPA を用いた洞爺湖産ヒメマスの資源評価．日本水産学会誌 2015; **81**: 418–428.

菅原和宏，井出充彦，酒井明久，鈴木隆夫，久米宏人，亀甲武志，西森克浩，関慎介．琵琶湖における届け出制によるビワマス引縄釣遊漁の現状把握．日本水産学会誌 2014; **80**: 45–52.

鈴木一寛，友成真一．釣りを活用したブルー・ツーリズムの可能性～釣り人の消費と思想に着目して～．日本国際観光学会論文集 2014; **21**: 59–64.

田畑貴章．会心の 1 匹に出会える夏のデスティネーション 100「然別湖」．***Flyrodders*** 2013; **78**: 20–22.

鷹見達也，青山智哉．北海道におけるニジマスおよびブラウントラウトの分布．野生生物保護 1999; **4**: 41–48.

鷹見達也，吉原拓志，宮越靖之，桑原連．北海道千歳川支流におけるアメマスから移入種ブラウントラウトへの置き換わり．日本水産学会誌 2002; **68**: 24–28.

武田耕次．「漁協以外」による釣り場管理は可能か。―北海道・然別湖の場合．フライの雑誌 2005; **69**: 144–145.

玉置泰司，桟敷孝浩，高橋義文，徳田幸憲．渓流釣り場での禁漁区の解禁に対する遊漁者の支払い意志額とその背景．陸水学雑誌 2012; **73**: 17–22.

玉置泰司，桟敷孝浩，久保田仁志．渓流釣り場のゾーニング管理に対する釣り方別遊漁者の志向の差異．陸水学雑誌 2016; **77**: 145–153.

Tamate T, Maekawa K. Interpopulation variation in reproductive traits of female masu salmon, *Oncorhynchus masou*. ***Oikos*** 2000; **90**: 209–218.

田中栄次．新訂水産資源解析学．成山堂書店，東京．2012.

Tanaka S. Studies on the dynamics and the management of fish populations. ***Bull. Tokai. Reg. Fish. Res. Lab.*** 1960; **28**: 1–200.

田中弥生，栗田佳代子，粉川一郎．NPO の持続性と課題―財務データベース分析から考える―．ノンプロフィット・レビュー 2008; **8**: 33–48.

Taylor MJ, White KR. A meta-analysis of hooking mortality of nonanadromous trout. ***N. Am. J. Fish. Manag.*** 1992; **12**: 760–767.

坪井潤一，森田健太郎，松石隆．キャッチアンドリリースされたイワナの成長・生残・釣られやすさ．日本水産学会誌 2002; **68**: 180–185.

坪井潤一，森田健太郎．野生化したニジマスと天然イワナの釣られやすさの比較．日本水産学会誌 2004; **70**: 365–367.

Tsuboi J, Morita K. Selectivity effects on wild white spotted charr *Salvelinus leucomaenis* during a catch and release fishery. ***Fish. Res.*** 2004; **21**: 229–238.

Tsuboi J, Endo S. Relationship between catch per unit effort, catchability, and abundance based on actual measurements of salmonids in a mountain stream. ***Trans. Am. Fish.***

Soc. 2008; **137**: 496–502.

坪井潤一．第 6 回世界遊漁会議（6th World Recreational Fishing Conference）に参加して．日本水産学会誌 2011; **77**: 1122.

Tsuboi J, Iwata T, Morita K, Endou S, Ohama H, Kaji K. Strategies for the conservation and management of isolated salmonid populations: lessons from Japanese streams. ***Freshw. Biol***. 2013; **58**: 908–917.

坪井潤一，森田健太郎，佐橋玄記．野生化したニジマスと天然ヤマメの釣られやすさの比較．日本水産学会誌 2015; **81**: 846–848.

Ward HGM, Askey PJ, Post JR. A mechanistic understanding of hyperstability in catch per unit effort and density-dependent catchability in a multistock recreational fishery. ***Can. J. Fish. Aquat. Sci***. 2013 a; **70**: 1542–1550.

Ward HGM, Quinn MS, Post JR. Angler characteristics and management implications in a Large, multistock, spatially structured recreational fishery. ***N. Am. J. Fish. Manag***. 2013 b; **33**: 576–584.

Ward HGM, Allen MS, Camp EV, Cole N, Hunt LM, Matthias B, Post JR, Wilson K, Arlinghaus R. Understanding and managing social-ecological feedbacks in spatially structured recreational fisheries: The overlook behavioral dimension. ***Fisheries*** 2016; **41**: 524–535.

山本聡，松宮義晴．千曲川における DeLury 法によるアユの資源尾数推定．日本水産学会誌 2001; **67**: 30–34.

山本聡，小原昌和，河野成実，川之辺素一，茂木昌行．野生イワナの毛鉤釣りによる Catch-and-release 後の CPUE と生息尾数の変化．水産増殖 2001; **49**: 425–429.

Yamamoto Y, Yoshiyama T, Kajiwara T, Nakatani T, Matsuishi T. Long-term shifts in growth and maturation size of Miyabe charr *Salvelinus malma miyabei*. ***Fish. Sci***. 2018; **84**: 425–433.

Yoshiyama T, Tsuboi J, Matsuishi T. Recreational fisheries as a conservation tool for endemic Dolly Varden *Salvelinus malma miyabei* in Lake Shikaribetsu, Japan. ***Fish. Sci***. 2017; **83**: 171–180.

芳山拓，坪井潤一，大串伸吾，松石隆．北海道然別湖に生息する固有種ミヤベイワナを対象とした遊漁の持続可能性の検証．日本水産学会誌 2018 a; **84**: 119–129.

芳山拓，坪井潤一，松石隆．北海道の湖における希少魚を対象とした遊漁者の消費実態とその金額．日本水産学会誌 2018 b; **84**: 858–871.

Yuma M, Hosoya K, Nagata Y. Distribution of the freshwater fishes of Japan: an historical overview. ***Environ. Biol. Fish***. 1998; **52**: 97–124.

索　引

■著者

芳山 拓（よしやま たく）

1991年神奈川県生まれ。県立小田原高校，北海道大学水産学部海洋生物科学科を経て，2013年より北海道大学大学院水産科学院に所属。大学院では北海道然別湖の他，朱鞠内湖，洞爺湖をフィールドとして，水産資源学，魚類生態学，環境経済学といった幅広い学問分野から「釣り」をテーマとした研究を一貫して行う。2018年3月に博士（水産科学）を取得。研究だけでなく，プライベートでも暇さえあれば釣り竿を片手に水辺に立つ。なお，釣り以外にもランニングが趣味で，毎年1回以上はフルマラソンを走る。

ISBN978-4-303-56332-5

釣りがつなぐ希少魚の保全と地域振興

2019年1月11日　初版発行

著　者　芳山　拓　　検印省略

発行者　岡田節夫

発行所　海文堂出版株式会社

本社　東京都文京区水道 2-5-4（〒112-0005）

電話 03（3815）3291（代）　FAX 03（3815）3953

http://www.kaibundo.jp/

支社　神戸市中央区元町通 3-5-10（〒650-0022）

日本書籍出版協会会員・工学書協会会員・自然科学書協会会員

PRINTED IN JAPAN　　印刷　東光整版印刷／製本　誠製本